航天发射信息化技术导论

吴枫 刘阳 刘秀罗 等著

国防工业出版社

·北京·

内 容 简 介

本书围绕航天发射信息化技术，从信息化、数字化和智能化三个维度，重点对航天发射信息一体化、航天测发指挥监控、航天发射场数字化合练与评估验证、航天快响发射数字化试验、航天运输智能控制、空间站阶段救援飞船地面应急发射构想等内容进行了探讨。通过总结多年理论研究工程应用成果，本书对航天发射信息化技术的概念内涵、基本特征、发展现状、应用前景、未来展望等进行了较为全面的描述。

本书可作为从事航天发射信息化总体与技术研究工作的同行的参考资料。

图书在版编目（CIP）数据

航天发射信息化技术导论/吴枫等著.—北京：
国防工业出版社，2023.4
ISBN 978 – 7 – 118 – 12851 – 2

Ⅰ.①航…　Ⅱ.①吴…　Ⅲ.①航天器发射—信息化—研究　Ⅳ.①V554

中国国家版本馆 CIP 数据核字（2023）第 056719 号

※

国防工业出版社出版发行
（北京市海淀区紫竹院南路23号　邮政编码100048）
北京虎彩文化传播有限公司印刷
新华书店经售

开本 710×1000　1/16　印张 11　字数 188 千字
2023年4月第1版第1次印刷　印数 1—1000 册　定价 96.00 元

（本书如有印装错误，我社负责调换）

国防书店：(010)88540777　　书店传真：(010)88540776
发行业务：(010)88540717　　发行传真：(010)88540762

《航天发射信息化技术导论》
编写委员会

主　编　吴　枫
副主编　刘　阳　刘秀罗
参　编　王　佳　刘　鹰　张爱良　方世源
　　　　　　齐建军　叶建设　马俊锋　苏剑彬
　　　　　　戴建平　黄晓明　唐玉波　王　敏

PREFACE 前言

航天发射的目标是自由、安全、可靠地进入空间，包括航天高密度发射、新型航天发射、航天快响发射等类型。"十四五"开局之年，无论是重大航天发射任务数量，还是年发射任务总量，较之往年成倍增长，高密度发射已然成为常态。航天器已呈现出大型化、微型化、低轨化、星座化等特点，运载器也正朝着重型化、小型化、混合构型、重复使用等方向发展，轨道转移运载器也将逐步投入使用，测发模式将更加多元化，大系统接口将更加复杂化，新型航天发射将面临诸多挑战。突发情况下需要快速执行特定发射任务，如对地观测航天快响发射、航天员紧急返回应急发射等，要求具备常态化贮存值班、小时级组装测试、小时级快速发射、简易化发射保障、多场区联动发射、多平台并行发射等能力，敏捷化网络信息体系将是推动航天快响发射形成能力的关键。航天发射体系庞大、要素众多、技术复杂，为了能够系统性破解航天发射发展过程中所面临的众多难题，本书按照体系化的思想，从信息化、数字化和智能化三个维度，重点对航天发射信息一体化、航天测发指挥监控、航天发射场数字化合练与评估验证、航天快响发射数字化试验、航天运输智能控制、空间站阶段救援飞船地面应急发射构想等内容进行了探讨，希望能为有效应对高密度下新平台、新样式航天发射装备发展提供一定参考。

由于作者学识和能力有限，不当之处在所难免，敬请读者批评指正。

作者
2023 年 1 月

目录

第一篇　航天发射

第1章　航天发射体系

- 1.1 使命任务 ... 3
  - 1.1.1 承担航天高密度发射任务 ... 3
  - 1.1.2 承担新型航天发射任务 ... 4
  - 1.1.3 承担航天快响发射任务 ... 4
  - 1.1.4 承担航天搜救回收任务 ... 4
- 1.2 运载火箭 ... 4
  - 1.2.1 中大型航天器按需发射 ... 4
  - 1.2.2 运载火箭无人值守测试发射 ... 5
  - 1.2.3 运载火箭装备技术创新发展 ... 5
  - 1.2.4 单位有效载荷产品成本降低 ... 5
- 1.3 航天测发系统 ... 6
  - 1.3.1 技术组成 ... 6
  - 1.3.2 技术发展 ... 9
- 1.4 未来的发展 ... 10

第二篇 航天发射信息化

第2章 航天发射信息一体化

2.1 基本现状 ... 15
2.2 概念内涵 ... 16
- 2.2.1 基本概念 ... 16
- 2.2.2 内涵特征 ... 16
- 2.2.3 发展方向 ... 19

2.3 技术途径 ... 19
- 2.3.1 信息标准技术 ... 19
- 2.3.2 物联网技术 ... 19
- 2.3.3 传输承载技术 ... 20
- 2.3.4 信息应用技术 ... 20

2.4 措施建议 ... 21
- 2.4.1 充分论证、持续发展 ... 21
- 2.4.2 科学筹划、稳步推进 ... 21
- 2.4.3 加强创新、人才培养 ... 21

第3章 航天测发指挥监控

3.1 任务需求 ... 23
- 3.1.1 满足火箭、卫星远距离测发控要求 ... 23
- 3.1.2 满足远距离测发控任务指挥需求 ... 23
- 3.1.3 满足地勤设备监测和管理需求 ... 24
- 3.1.4 满足任务信息显示需求 ... 24
- 3.1.5 满足测发信息集成和综合利用需求 ... 24

3.2 基本特征 ... 25
- 3.2.1 无人值守模式下指挥信息保障 ... 25
- 3.2.2 一体化指挥决策 ... 25

        3.2.3 智能化辅助决策 …………………………………… 25
        3.2.4 自动化指挥测发 …………………………………… 26
        3.2.5 可视化信息显示 …………………………………… 26
        3.2.6 集成化运维管理 …………………………………… 26
        3.2.7 人性化辅助操作 …………………………………… 26
    3.3 功能要求 …………………………………………………… 26
        3.3.1 通用接口 …………………………………………… 26
        3.3.2 数据服务 …………………………………………… 28
        3.3.3 信息浏览 …………………………………………… 29
        3.3.4 辅助决策 …………………………………………… 29
        3.3.5 管理控制 …………………………………………… 30
        3.3.6 指挥显示 …………………………………………… 31
        3.3.7 显示控制 …………………………………………… 35
    3.4 硬件平台 …………………………………………………… 36
        3.4.1 网络体系结构 ……………………………………… 36
        3.4.2 显示分系统硬件组成结构 ………………………… 36
        3.4.3 服务分系统硬件组成结构 ………………………… 38
        3.4.4 接口分系统硬件组成结构 ………………………… 38
        3.4.5 运管分系统硬件组成结构 ………………………… 39

第三篇　航天发射数字化

第4章　航天发射场数字化合练与评估验证

    4.1 需求分析 …………………………………………………… 44
        4.1.1 三维设计需求 ……………………………………… 44
        4.1.2 工艺流程设计需求 ………………………………… 44
        4.1.3 仿真试验需求 ……………………………………… 44
        4.1.4 管理需求 …………………………………………… 46
        4.1.5 测发任务需求 ……………………………………… 47

4.1.6 训练需求 …………………………………………………… 48
　　4.1.7 质量需求 …………………………………………………… 48
4.2 基本概念 ……………………………………………………………… 49
　　4.2.1 航天发射试验与航天发射试验工程 ………………………… 49
　　4.2.2 数字化航天发射场 …………………………………………… 49
　　4.2.3 航天发射场数字化试验与数字化合练 ……………………… 51
4.3 体系框架 ……………………………………………………………… 52
　　4.3.1 应用体系结构 ………………………………………………… 52
　　4.3.2 系统体系结构 ………………………………………………… 54
　　4.3.3 技术体系结构 ………………………………………………… 56
4.4 基础平台 ……………………………………………………………… 64
　　4.4.1 逻辑架构 ……………………………………………………… 64
　　4.4.2 技术架构 ……………………………………………………… 65
　　4.4.3 关键技术 ……………………………………………………… 67
　　4.4.4 软硬件环境 …………………………………………………… 69
　　4.4.5 技术标准规范 ………………………………………………… 72
4.5 应用系统 ……………………………………………………………… 74
　　4.5.1 发射场三维设计优化验证系统 ……………………………… 74
　　4.5.2 远程技术保障协同会商 AR 支持系统 ……………………… 75
　　4.5.3 发射场测发流程仿真与系统接口评估验证系统 …………… 76
　　4.5.4 工程岗位操作模拟训练系统 ………………………………… 78
　　4.5.5 工程应急处置模拟仿真系统 ………………………………… 80
　　4.5.6 运载火箭运输吊装动力学仿真系统 ………………………… 82
　　4.5.7 多星危险性仿真评估系统 …………………………………… 83
4.6 典型应用 ……………………………………………………………… 86
　　4.6.1 运载火箭发射场数字化合练 ………………………………… 86
　　4.6.2 测发流程三维数字化实时显示 ……………………………… 96
　　4.6.3 液氢管路改造数字化合练 …………………………………… 99
　　4.6.4 探测器发射场数字化合练 …………………………………… 102
　　4.6.5 多星危险性评估数字化合练 ………………………………… 106

4.6.6　管线综合数字化合练 ··· 109
4.7　主要创新 ··· 111
　　　4.7.1　新型试验任务模式 ··· 111
　　　4.7.2　数字化试验体系 ·· 112
　　　4.7.3　评估指标与评估验证方法 ··· 112
　　　4.7.4　危险性评估与动态演化试验环境 ····································· 112

第5章　航天快响发射数字化试验

5.1　需求分析 ··· 114
　　　5.1.1　航天快响发射体系运用 ·· 114
　　　5.1.2　航天快响发射体系试验 ·· 115
5.2　基本概念 ··· 116
5.3　技术特征 ··· 117
5.4　平台架构 ··· 117
5.5　工作流程 ··· 119
5.6　发射任务规划 ··· 122
　　　5.6.1　发射目标规划 ·· 122
　　　5.6.2　发射弹道规划 ·· 123
　　　5.6.3　机动路径规划 ·· 124
　　　5.6.4　发射行动规划 ·· 125
　　　5.6.5　发射方案生成 ·· 126
5.7　发射仿真评估 ··· 126
　　　5.7.1　仿真想定设计 ·· 126
　　　5.7.2　仿真推演控制 ·· 128
　　　5.7.3　试验鉴定评估 ·· 128
5.8　仿真模型库 ··· 130
　　　5.8.1　运载火箭模型 ·· 131
　　　5.8.2　发射车模型 ··· 132
　　　5.8.3　发射起竖系统模型 ··· 132
　　　5.8.4　测控站模型 ··· 132
　　　5.8.5　测控车模型 ··· 133
　　　5.8.6　卫星模型 ·· 133
　　　5.8.7　发射点位模型 ·· 134

5.8.8 卫星测试厂房模型 ·· 134
5.8.9 运载火箭测试厂房模型 ·· 135
5.9 典型应用 ·· 135
5.9.1 航天快响发射体系运用 ·· 135
5.9.2 航天快响发射体系试验 ·· 136

第四篇 航天发射智能化

第6章 航天运输智能控制

6.1 智能航天发射系统 ·· 143
    6.1.1 发展需求 ·· 143
    6.1.2 能力需求 ·· 144
    6.1.3 技术需求 ·· 145
    6.1.4 应用模式 ·· 145
    6.1.5 发展方向 ·· 145
6.2 智能航天运输系统 ·· 146
    6.2.1 发展需求 ·· 146
    6.2.2 能力需求 ·· 146
    6.2.3 技术需求 ·· 147
    6.2.4 应用模式 ·· 147
    6.2.5 发展方向 ·· 147
6.3 智能航天搜救回收系统 ·· 148
    6.3.1 发展需求 ·· 148
    6.3.2 能力需求 ·· 149
    6.3.3 技术需求 ·· 149
    6.3.4 应用模式 ·· 149
    6.3.5 发展方向 ·· 150

第7章 空间站阶段救援飞船地面应急发射构想

7.1 基本原则 ·· 153
7.2 任务模式 ·· 153
7.3 待机状态 ·· 154
7.4 测试项目 ·· 155

7.5 发射流程 …………………………………………………… 156
　　7.5.1 载人飞船地面应急发射流程 ………………………… 156
　　7.5.2 货运飞船地面应急发射流程 ………………………… 157
7.6 实施方案 …………………………………………………… 157
7.7 技术方案 …………………………………………………… 158
7.8 应用前景 …………………………………………………… 159

参考文献 ……………………………………………………… 161

第一篇
航天发射

第 1 章 航天发射体系

航天发射体系主要由常态发射力量和快响发射力量组成。常态发射力量主要承担平时按计划发射任务,安全可靠地将各类航天器送入空间,其力量体系主要分为中高轨道发射、近地轨道发射。航天快响发射力量主要遂行空间各种利用类、控制类装备的快速发射,按照发射方式又可分为场内快速发射、陆基机动发射、空基发射、海基发射等。

1.1 使命任务

1.1.1 承担航天高密度发射任务

随着国民经济的平稳快速发展,国家在航天领域的投入不断加大,航天技术和研发明显加快。"十三五"期间,我国主要航天任务包括载人空间站工程、月球探测三期工程、二代卫星导航工程等专项工程,以及一系列民用卫星工程,任务数量呈快速上升趋势。因此,需要进一步提高航天高密度发射的能力,确保发射计划的顺利实施。

1.1.2 承担新型航天发射任务

随着任务需求的快速增长和航天技术的不断进步,货运飞船、空间站大型舱段等新平台、新载荷和新技术不断涌现,航天器将分化为大型化、小型化、星座化和组网化等不同的发展方向;重型运载火箭、固-液混合运载火箭、空射小型运载火箭和重复使用运载火箭等正在发展;常规/低温推进的上面级等轨道转移运载器也将逐步投入使用。未来,航天任务的发射方式、测发模式将更加多元化,产品与发射场之间的技术接口将更加复杂多样,在满足多样化的测发需求的同时,测发系统也应努力提升自动化、信息化水平,加速形成新型的航天发射能力。

1.1.3 承担航天快响发射任务

航天快响发射任务需配套建设陆上简易发射场、机动发射场,以及空基发射平台和海基发射平台,形成机动性好、生存能力强、发射方式多样的发射系统。与此同时,航天快响发射与通常试验性发射不同,内外场整体协同、快速响应临机决策等新型任务样式将逐步出现,航天测发也将更加凸显信息主导、联合制胜的体系特点。综上所述,需从构建体系的高度来建设航天快响发射能力。

1.1.4 承担航天搜救回收任务

随着航天任务的多样化,航天搜救回收工作的范围将覆盖运载火箭回收区、返回器着陆区、国内陆上应急着陆区、上升段海上应急溅落区、运行段国外应急着陆区以及空运机动搜索力量等,不仅需要建设、完善航天搜救回收力量,还需要推动航天搜救回收的空中、海上和地面力量建设,全面完善运载火箭发射搜救与回收处理能力。

1.2 运载火箭

1.2.1 中大型航天器按需发射

航天发射体系将由"稳定运行系统+应急增强系统"构成。稳定运行系统以各类中大型卫星为主,太阳同步轨道(SSO)等近地轨道卫星,质量已经突破目前运载火箭 700km SSO 3t 的最大运载能力限制,地球同步转移轨道(GTO)等高轨卫星以 5.5t 大卫星为主,并将向更大质量发展。要求运载火箭突破现有 SSO 3t、GTO5.5t 运载能力上限,满足不少于 30 次/年的大规模经济实用发射需求。

1.2.2 运载火箭无人值守测试发射

运载火箭发射场测发流程,包括完成火工品安装、推进剂加注等测发操作,风险高,一旦出现事故有可能造成很大人员伤亡和财产损失。我国现役火箭仍然是射前 30min 人员撤离,存在较大安全隐患。对于我国无毒无污染的新一代运载火箭,需要进一步提升技术水平,提高发射安全性,保障产品和人员安全。

1.2.3 运载火箭装备技术创新发展

航天大国运载火箭均秉持通用化、组合化、系列化的发展思路。一是从火箭系列发展上看,固体发动机结构简单,操作方便,研制周期短,成本低,容易实现较大推力,大推力固体助推器+长时间工作液体芯级的组合模式能降低研制和产品成本、简化测发操作。通用芯级助推与运载火箭芯级直径一致,有助于减少运载火箭模块种类,符合精简模块、简化型谱的发展理念,有利于模块状态固化、产品批量研制生产以及积累和提高可靠性。二是从运载火箭装备发展上看,需要攻克子级落点控制、助推器自主安控、加注全程前端无人值守、全自主初始对准、发动机点火故障诊断、加泄连接器自动对接和 0s 脱落、分段式固体发动机、大功率全机电伺服机构等领域关键技术,向运载火箭便捷、快速、智能的发展目标前进一大步。

1.2.4 单位有效载荷产品成本降低

低成本一直是航天运载领域的永恒主题,国内外的新研运载火箭均围绕此进行。随着世界经济的增长和空间应用的不断发展,对空间利用有需求的领域和国家逐渐增多,卫星业务也会有创新性发展等,这些都对未来国际发射市场起到带动作用。我国的运载火箭应积极参与国际市场竞争,在竞争中不断发展壮大。

1.3 航天测发系统

航天测发系统是指为完成航天器及其运载器的分解装配、检查测试、加注发射任务所使用的设施设备,是以系统化的发射平台为基础,以体系化的理论技术为支撑,以完备化的设施设备为手段,以安全、可靠、高效完成各类航天装备测发任务为根本的专有系统。主要任务包括发射任务的组织指挥、运载器和航天器的总装测试、运载器和航天器的加注发射、技术勤务保障、航落区安全保障和残骸处理。

1.3.1 技术组成

航天测发技术是开展航天器、运载器测试、发射活动所需应用和支撑技术的总称。

1. 总体设计技术

用于发射场选址分析、总体规划、顶层设计、测发流程优化,航落区安全分析等,关键技术包括以下几种。

1)陆基机动测发总体设计与演示验证

包括发射点选择与安全评估、陆基机动发射建模与仿真、机动发射保障、伪装防护、机动发射指挥控制等。

2)箭地一体化优化设计

包括箭地接口约束、机械接口设计分析、电气接口分析、软件接口设计分析、箭地技术性能优化分配等。

3)航天测发流程优化设计与演示验证

包括测发模式影响要素分析、测发项目关联性分析、测发风险分析与控制、并行任务流程影响分析、重大故障处理反向流程、测发工艺流程效能分析评估等。

4)航天发射安全规划设计与分析评估

包括发射场爆炸事故模式与效应分析、建筑布局安全设计、建构筑物防护;公共安全危险因素分析及等级化,航落区安全定量化分析,航落区安全评估要求、程序,以及安全准则和风险管理规范等。

5)航天发射任务规划分析

包括试验任务模型生成、发射能力评估、指挥与测发策略生成、发射资源识别与分配、接口匹配性智能分析、基于规则的自动规划等。

2. 测试技术

用于单元测试、分系统测试、匹配测试和总检查,测试数据分析、判读和综合利用,以 VXI 总线技术为支撑、标准化的自动测试,关键技术包括以下几种。

1) 测试故障诊断分析

故障诊断库、故障诊断技术、故障处理方法、测试故障模糊推理、故障诊断综合推理分析技术、故障信息融合方法、基于人工智能的故障诊断技术、多方法融合的故障诊断技术等。

2) 测试设备小型化集成化

包括测试设备功能与接口集成、接口标准,测试设备轻量化、小型化,多体制设备综合集成,设备模块化等。

3) 分布式一体化远程测试

分布式一体化测试架构、一体化测试设备设计、分布式网络测试等技术。

4) 测试效能评估

包括测试需求分析、测试覆盖性分析、测试可靠性的评估指标与评估、测试安全性的评估指标与评估等。

3. 发射技术

用于陆面塔架式发射、场坪式发射和预设阵地机动发射的箭体(全箭)运输、水平装填和垂直总装,常规推进剂加注与控制、远距离斜瞄、单面/双面导流、应急救生等,关键技术包括以下几种。

1) 大型/重型火箭发射燃气导流

包括发射场导流槽导流通畅性评估、结构安全性评估、耐火材料性能评估和降噪防护供水技术和导流槽气动外形综合优化、导流槽抗烧蚀、大推力重型火箭发射强噪声综合控制等。

2) 通用中小型航天器同轴发射

包括固体运载火箭发射装置的通用化,发射系统相容性分析、弹射发射筒、同心筒垂直热发射、通用接口标准。

3) 机动发射快速定位瞄准

陆上机动发射精确定位、瞄准及自主式初始对准等,解决机动发射任务在预设或临时阵地上获取发射点基准和发射坐标关系的问题。

4）加注连接器智能化快速对接与分离

污染物自动清洗、快速连接接口泄漏监测、免泄漏快速连接接口技术等,提高加注连接器的安全可靠性;视觉/激光/超声波测量系统、高可靠锁紧机构、机器人自主操作与控制等。

5）大流量/超大流量低温推进剂加注

包括超大型低温加注系统加注模式及加注工艺、大型真空绝热低温球形贮罐、超大流量液氧泵以及超大型真空绝热低温管路、阀门设备等。

6）零窗口发射

包括箭地接口约束、机械接口设计分析、电气接口分析、软件接口设计分析、箭地技术性能优化分配等。

4. 组织指挥技术

用于构建体系完善、指挥关系明确、组织结构合理的航天发射任务组织指挥体系,符合当前航天发射任务活动的特点和规律。广泛应用信息技术和智能技术,不断提高指挥信息的时效性、准确性和可视性,增强测发故障预判处置能力。关键技术包括以下几种。

1）航天发射组织指挥效能评估

建立包括主体、客体和活动在内的试验任务组织指挥模式运作效能的多层次评价评估指标,制定效能评价的定性方法和定量方法。

2）航天发射组织指挥体系结构

包括航天发射体系结构、试验与训练体系结构、系统体系视图和技术视图等。

5. 勤务保障技术

用于供配电、防雷接地、消防报警、暖通空调与环境控制,常规推进剂生产、储运、化验,特种气体制气、配气和品质控制;场区中、短期和短时气象保障;仪器设备计量、机电设备维修;特种污染治理等,关键技术包括以下几种。

1）推进剂保障

包括高密度发射推进剂保障、低温推进剂长期贮存危害杂质积聚、泄回推进剂品质影响与控制、低温推进剂安全快速转注、低温推进剂液位测量稳定性。

2）试验装备计量测试

开展试验装备计量测试技术、测试方法建设。

3）大空间连续气象监测与预报

大空间长时间连续监测飞行器，微型一体化温度、湿度、气压、风速、风向、电场高精度测量，气象监测数据远距离安全可靠传输，气象监测数据快速处理与预报等技术。

4）发射场环境保护与污染处理

废气、废水、废液处理，发射噪声、微波、大气污染防护与治理、环保节能材料、绿色建筑系统、生态防护等技术。

5）发射塔设备自动化

发射塔设备机内测试、状态监测、故障诊断、精确控制、信息远程传输与管理技术等。

6. 基础与支撑技术

1）发射场数字化试验

航天发射场地面设施设备信息可视化技术、测发流程仿真技术、箭地接口数字化协调技术、现场实时数据驱动的关键设备仿真动作平行推演技术、地面操作半实物仿真训练技术、箭地联合仿真试验验证技术等。

2）发射场信息化

基于复杂结构信息网络的系统建模方法、发射场信息化标准规范、软硬件接口、设备设施编码、发射场综合试验数据融合、数据挖掘与共享、资源的数字化和可视化、虚拟发射场、发射场空间信息等技术与应用。

3）航天发射场设施设备综合保障

综合保障分析、设计、试验验证、实施管理和理论技术体系，发射场可靠性评估技术、维修决策与快速维修技术等。

4）航天试验信息快速分析与处理

试验信息快速分析比对方法、飞行试验结果自动判读系统、飞行试验数据标准库、试验数据综合处理技术等。

1.3.2 技术发展

围绕完成高密度发射任务和形成航天快响发射能力两条主线，需要在任务综合规划技术、测发流程优化、新型组织指挥模式、火箭快速测发技术、低温推进剂加注技术等方面取得突破。

（1）增加发射平台、力量运用多样性。航天发射未来将形成以陆基固定发射为主，以陆基机动发射为辅，海基、空基等发射为有益补充的发展格局，增强航天发射任务的选择性、生存性，满足未来航天任务的要求。

（2）提高测发信息化自动化水平。通过测发流程定量化评估和重构，提高测发控的标准化、通用化程度，实现智能性、快速性。火箭长贮状态监测与评估、健康管理，箭地连接器自动对接和零秒脱落，超大流程低温自动加注和远距离加注，重型运载火箭垂直转运和牵制释放将是未来的发展方向。

（3）优化改进任务组织指挥模式。随着发射场信息化的加速建设，多任务并行发射、多平台联合发射、快速空间响应等新型任务的出现，优化改进现有组织指挥模式、指挥体系、指挥机构和指挥方式，提高组织指挥质量和效率。

（4）提升发射勤务保障能力。新一代运载火箭、新型航天器、新概念运载器的不断研制与飞行试验，以及未来陆基机动、空基发射和海上发射等对测试环境、特燃、特气、供电、消防、通信、环境保护、计量等的保障要求提高，需针对性地发展形成各发射平台专用的勤务保障技术和能力。

（5）发展先进技术。发展针对先进上面级、低温上面级新型推进剂使用带来的安全问题的复杂系统发射风险识别、评估与控制等技术；发展针对可重复使用运载器的发射与回收的流程设计技术、海上回收总体技术、箭地一体化发射设计与优化技术、短期气候预测与危险天气精确预报等技术；进一步加大数字试验技术、自主可控技术、智能发射场等先进技术。

（6）深化基础技术应用。需要加强综合保障技术，建立综合保障体系，从根本上提升航天发射综合保障能力。加快信息技术应用领域的拓展和深化，促成信息技术在任务能力生成和提高的主导地位。

1.4 未来的发展

（1）建立和完善高轨道航天器发射体系。加强发射设施设备技术更新改造，提高测发能力，满足后续高轨道航天器发射任务要求。建设重型运载火箭发射场，满足载人登月、深空探测等任务要求。

（2）完善近地轨道航天器发射体系。增建技术区航天器测试贮存设施设备,新建发射场发射工位,具备高密度发射和多星并行测发能力。加强发射设备现代化更新改造,提高发射设施设备信息化和可靠性水平。建设具备货运飞船、空间站发射能力,兼顾近地轨道大型航天器发射任务。

(3)建立航天快响发射体系。以现有固定发射场为依托,以试验型的能力建设为起点,按需逐步形成完善的空间快速进入装备发射力量。根据新一代小型固体运载火箭研制发展,建设陆基机动发射系统、空基机动发射系统、海基机动发射系统,形成快速、高效、多样和生存能力强的小卫星机动发射能力。

(4)提升航天发射可靠性增长与能力。航天发射方面总体呈现发射任务密、重大型号多、质量问题频发等严峻形势,发射装备可靠性水平经受严峻考验,对航天发射装备的质量和可靠性建设工作提出了更高要求。面对高密度的航天发射任务,航天发射装备检修时间短、任务压力大,必须从顶层开展面向长周期任务的发射装备通用质量特性体系设计和可靠性增长与评估优化工作,在装备设计阶段合理设定通用质量特性指标、在装备研制阶段通过可靠性试验等手段严格落实可靠性指标、在装备使用阶段准确评估现有可靠性水平、合理开展可靠性增长工程、消除可靠性薄弱环节,从发射装备全寿命周期的角度出发,科学、有效地开展通用质量特性管理工作。

(5)加强航天发射信息化建设。建成远程技术支持系统,提高地面设施设备故障分析和远程技术保障能力;建成"数字发射场"与可视化信息综合管理系统,实现测发资源三维可视化管理;加快后勤保障的信息化建设,使后勤资源的全寿命展现透明、流动的特性,打造精确型、实时型的后勤保障模式。

(6)提升航天发射智能化与自主可控能力。针对现有发射场信息化水平不高、自动化能力不足、标准化程度不够、发射流程不够优化等现实问题,着眼未来航天发射的"航班化",综合近年来国内外先进航天测发技术发展和装备自主可控要求,开展航天发射智能化与自主可控能力提升,实现多型运载器的快速检测、加注和发射返回,关键信息系统的自主可控和高水平的训练支持,提高航天发射的灵活性、快速性和低成本。

第二篇
航天发射信息化

第 2 章 航天发射信息一体化

航天测试发射自动化、智能化和一体化发展的重点方向已十分明确,在测发指挥监控系统、专业自控系统、地勤系统等功能范围内,航天发射信息一体化目标是推进接入、传输、处理和应用各层次技术规范的体系化和一致化,突出体现统一设备接入、统一传输承载、统一基础应用、统一信息交互,实现远程指挥操作、自动检测诊断、无线物联接入和塔上无人值守的相关信息保障。

2.1 基本现状

近年来,我国航天发射任务日益繁重,呈现出发射密度高、并行任务多、保障需求新、技术风险大等特点,切实摸清航天发射信息化现状,对于适应航天发射严峻的任务形势,弥补当前我国航天发射信息化建设存在的问题和不足,指导信息化建设、提高测发指挥效率和专业技术保障水平,增强履行新时期航天发射使命任务能力,具有重大现实意义。

航天发射信息化是利用先进信息技术手段实现航天发射核心系统关键信息的自动化获取、网络化传输、智能化处理以及综合化应用,从而对即时响应航天发射过程中各种需求提供信息支撑,目的是利用信息化手段提高航天测发能力效率。由于缺少一体化顶层设计思想,随着信息化建设不断推进,必然产生很多相互隔绝、相互独立的"烟囱"式系统,为了整合这些系统产生的多源异构信息资源,势必降低航天发射整体效费比,具体体现在:不能为辅助决策提供足够的、有价值的数据样本支撑,评估模型和结果难以令人信服;从指挥决策层到操作执行层存在信息不对称,不利于前后方联动,严重制约指挥操作的执行力提升;信息应用技术力量分散,经费支持力度不够,重复建设等问题,造成资源的极大浪费,而且信息处理应用与测发指挥监控系统紧耦合,不利于信息化改造;现有测发指挥监控系统各自独立,难以适应多任务并行。为了解决上述问题,构建了一体化试验信息系统,改造了测发指挥监控系统,提高了地勤设施设备数字化和地勤系统监控能力,构建了发射场远程技术保障模式,但是由于缺乏必要的理论、方法、技术、平台等各方面系统深入研究,难以从顶层、从全局、从长远层面彻底解决跨地域、跨系统信息共享与融合等问题,矛盾依然十分突出。

2.2 概念内涵

2.2.1 基本概念

发射信息一体化是指在一致化的信息化架构标准体系下,在功能架构各层次中分别打造统一信息技术支撑平台,实现航天发射海量信息的统一设备接入、统一传输承载、统一基础应用和统一信息交互,通过智慧化的信息服务手段,创新航天测发模式,引领指挥决策转变,加速航天发射指挥体系变革。

2.2.2 内涵特征

1. 一致化标准体系

按照长期可持续发展目标,依据火箭系统、发射场系统、测发流程、指挥控制的内在联系,推进信息接入、传输、处理和应用各层次技术规范的体系化和一致化，约束信息格式、类型、协议、接口。

2. 一体化系统架构

航天发射信息一体化采用"四横两纵"系统架构进行统一规划。

1）信息接入层

采用遥测遥感、射频识别、智能传感器等技术手段对发射各要素进行识别定位和状态采集，获取航天发射任务相关数据，再经由宽带接入网连接接入网关实现数据接入。宽带接入主要包括局域网、光纤等有线接入，以及卫星通信、数字集群网络、基于虚拟专用网络（VPN）的专用无线通信等无线接入方式。全系统要实现统一设备接入，而且接入接口要确保唯一。针对物联网应用，要构建支持多种通信设备、通信协议的统一终端接入平台，再通过 TCP/IP 协议实现与信息系统连接。摆杆、空调、加注等地勤专业子系统设备，主要由可编程逻辑控制器（PLC）完成信息采集，由系统上位机通过工业网与 PLC 连接，再通过 TCP/IP 协议实现与地勤网连接；配电子系统通过电能质量监测系统实现信息采集，并通过 TCP/IP 协议实现与地勤网连接。由于专业自控设备内部接口不开放，故在专业子系统层级实现统一接入。由于测发、测控、通信、气象等数据主要通过测发指挥监控接口与外部信息系统交互获取，故在专业系统层级实现统一接入。

2）信息传输层

采用下一代互联网技术，基于统一接口标准和 IP 体制构建具有大容量承载能力、网络灵活动态调度与流量精细化分配、支持万物互联以及高度智能特征的统一传输承载平台，实现话音、数据、图像和多媒体一体综合传输和各系统之间的互联、互通、互操作。通信网络按组成分为广域网、城域网和局域网，分别负责场区间、场区内和团站内某系统的业务承载；按业务分为试验任务网、测发指挥监控网、地勤网，试验任务网主要用于跨区数据交换、场区内测发、测控、通信、气象系统间数据交换，测发指挥监控网主要用于测发指挥监控系统内部数据传输，地勤网主要用于地勤子系统设备连接、状态信息及控制指令传送等。

3）信息处理层

基于面向服务架构（SOA）、云计算、大数据、数据挖掘与知识发现、人工智能、可视化与虚拟现实等技术，构建统一基础应用平台，实现信息的汇集、管理、监控、授权与分发、分析与预处理，提供统一数据视图和数据分析服务，实现资源开放共享、按需获取，为信息应用层提供支撑。

4）信息应用层

构建统一信息交互平台，通过信息高度融合、充分共享和高效流转，提供集指挥显示、专业保障和视讯会商功能于一体的，支持前后方联动、多级各方复用的实时化、网络化、智能化、可视化的统一信息交互方式，最终实现具备能力快速迁移、灵活重构、体系化容灾抗毁、新增能力快速构建等特点的指挥决策模式，充分发挥远程专家技术诊断优势，提高多任务交叉并行指挥能力和地面设施设备综合保障能力。指挥显示是指实现航天发射任务期间测发指挥监控信息、地勤信息、上升段测控信息、任务图像信息、指挥调度信息的一致显示，包括主要显示内容、布局结构、显示风格、操作方式、术语定义等方面的一致，为指挥决策人员和技术专家提供各系统的基本情况，为远程人员协同工作提供支持。视讯会商是指构建任务参试单位之间的视讯会商系统，开通任务远程指挥决策、技术保障、加注评审等视讯会商功能，有效提高工作效率。专业保障是指以数字化建设为中心，支持测发总体远程遂行航天发射任务保障、开展任务全寿命周期数字化试验、实现地面设施设备在线的全方位保障决策技术支持和装备全寿命周期管理，并根据需要向用户提供信息服务。

3. 一体化功能系统

1）建立分布式信息服务中心

构建 $1+N$ 分布式信息管理模式，负责数据的统一维护和管理，设计统一的数据字典和共用数据模型，建立一致数据表示所需的算法库、模型库，构建全局数据视图，提供基于 Web 的检索、数据共享服务，维护资源与地址映射关系，为用户定位所需的数据，提供数据访问服务。

2）建立集中式信息应用中心

构建测发信息应用理论体系，开展任务规划、数据处理与试验分析、故障诊断、设施设备综合保障、风险分析与质量控制、任务进程管理、发射场数字化试验保障等关键技术，建设大型计算仿真环境，推进测发信息应用技术成果转化，构建多方参与的专业保障和多层级辅助决策平台，对外提供信息应用服务。

3）构建分布式测发指挥监控系统

支持开展联合试验，通过与信息中心和信息应用中心有效结合，充分发挥中心信息融合和分析处理能力，实现从数据转化为决策的智慧化和瞬时化，精简指挥人员编成。

2.2.3 发展方向

后续运载火箭和发射场发展重点方向包括远程指挥操作、自动检测诊断、无线物联接入和塔上无人值守。远程指挥操作需要为后方人员提供实时、全面任务信息,实现现场指挥与后方远程决策,任务一线与总体单位的前后方全过程、全纬度的技术协作联动。塔上无人值守是指通过改变产品接口设计,简化测发工艺流程,利用自动化手段取代人工操作,通过远程监视替代人工巡检工作,实现发射前 8h 内塔上加注、测试、发射阶段无人状态的目标。自动检测诊断是指通过对产品、设施设备状态特征实施智能感知、识别、定位、跟踪和挖掘,自动检测识别故障特性和发展趋势,实时诊断异常工况并进行安全评估。无线物联接入是指实现物联网的组网和信息传输,将产品、设施设备、人员连接起来,进行信息按需交换和自动控制,实现随遇化接入、智能化识别和按需信息配送。

2.3 技术途径

2.3.1 信息标准技术

建立统一信息化架构标准,不断推进信息获取、信息传输、信息处理、信息应用标准规范,实现跨系统集成与信息共享。信息获取标准规范包括信息接口、获取方式、数据类型、数据格式等内容;信息传输标准规范包括信息 IP 组包、网络传输协议、数据格式、交互协议等内容;信息处理标准规范包括数据存储与管理、信息交互、协议转换、规则库、模型库、数据仓库等内容。

2.3.2 物联网技术

构建面向终端设备的三层物联网架构,实现海量的、广泛分布的发射场设施设备的低成本和低风险的互联、互通。三层架构包括设备层、转发层和汇聚层,其中,设备层主要包括处于物联网边缘区域的海量终端设备,主要分为两类:一是针对具有可靠性、实时性和带宽要求高的连接特性的终端设备,如视频监控系统,需要通过TCP/IP协议直接与互联网连接;二是针对具有低速、有损以及间歇的连接特性的终端设备,通过简单的调制、传输和接收技术,以及开放空间的光通信链路等,利用物联网协议与转发层节点进行通信。转发层通过物联网协议实施终端设备的组网,并对物联网业务数据流进行必要的裁剪、转换和封装,通过IP协议实施互联网转发。汇聚层提供海量数据流分析,终端设备配置和物联网管理功能。通过"发布/订阅"模式,从海量数据中提取所需信息,建立相应场景模型,开展实时监测和分析评估,并进行终端控制。例如,订阅任务期间塔上大封闭区域内温湿度传感器、毒气浓度传感器、火灾报警器、火箭关键部位摄像头的数据,可以综合了解塔上加注、发射阶段的安全状况。

2.3.3 传输承载技术

根据通信4.0网络设计,推动网络功能虚拟化和软件定义网络技术深度融合,重构通信网络架构。推进硬件资源的通用化和虚拟计算、虚拟存储、虚拟网络服务等虚拟资源的灵活共享。在统一的云基础设施之上实现软件化的网络承载;构建具有通用硬件、虚拟运行环境、网络功能软件三层解耦结构的标准化网络基础组件,根据业务需要,在远程级、场区级和现场级分别进行部署并搭载相应的业务系统。例如,将应用平台部署在远程级,IP多媒体子系统部署在场区级,宽带远程接入服务器部署在现场级,通过快速配置和调整,搭建三层架构的可灵活调度和动态编程的IP高速网络。

2.3.4 信息应用技术

推进测发指挥监控系统与总体网一体化设计,提升测发数据获取能力,增强与测控系统、地勤系统、气象系统、通信系统间的互联互通能力。实现产品测发全流程、关键操作部位、重要设施设备的实时视频监视,以及虚实结合的图像融合分析、处理与展示。通过完整的测试、测量、监控、保障信息获取及关联分析,开展塔上无人值守、应急辅助决策和待发段应急救生安全评估。研制数字化仿真试验评估系统,开展平行发射试验评估以及虚拟仿真训练工作,优化测发工艺流程,提高岗位操作能力。提高测发过程的自动化水平,通过远距离测发控系统,指挥、监视、控制火箭系统和地面勤务系统工作状态,尤其是实现塔上电缆、气液和加注管道自动连接,实施产品自动测试、控制和加注。基于非结构化数据关联分析和信息挖掘技术的非结构化决策支持技术,以及面向需求的大数据指挥决策分析技术,增强指挥决策的高效、准确和自动性。

2.4 措施建议

在我国航天事业迅猛发展的今天,信息化建设的职能使命和能力要求已经发生了深刻变革,信息一体化建设是必然趋势。目前,我国在航天发射信息化建设方面取得了显著成绩,形成了信息化发展理念,信息化水平也稳步提高,为信息一体化建设打下了坚实的基础。为实现我国航天发射信息一体化的快速转型、可持续发展的目标,从以下三个方面给出措施建议。

2.4.1 充分论证、持续发展

航天发射信息一体化建设要立足现状、长远发展,坚持创新驱动,统筹规划、有序实施,建立标准、深化应用,安全可靠、高效实时,处理好信息共享与安全保密、模式转变与平稳过渡、整体推进与试点建设、智能先进与简单实用的关系。

2.4.2 科学筹划、稳步推进

首先,要建立体系标准以及配套的支撑服务体系,确保为信息一体化建设提供可持续的制度保障;其次,要加强基础设施建设,包括构建发射场物联网、基于通信4.0技术的发射场通信网络,提高信息源获取和传输能力;最后,实现基于云技术的大数据应用和数据融合,提供数据服务,并开展信息应用关键技术研究,推进信息应用项目建设,实现航天测发精细化管理,大幅提高安全可靠性和工作效率。

2.4.3 加强创新、人才培养

信息一体化建设是信息技术的综合应用与创新,是以5G网络、新一代物联网、智慧城市等为代表的新技术、新领域对航天发射信息化进行一体化、智能化改造的过程。一是加强技术合作与交流,建立和完善交流合作机制,着力推进军民融合,避免盲目规划、重复建设;二是加强专业人才的培养,依托信息中心建设,加强关键技术攻关,培养掌握先进技术的人才队伍,加速信息技术成果转化。

第 3 章
航天测发指挥监控

近年来,我国航天测发任务日益繁重。在发射密度高、并行任务多、保障需求新、技术风险大等任务形势下,传统的"现场情况只能现场掌握、试验任务必须现场保障"模式已经严重制约试验任务指挥决策效率和技术保障能力,迫切需要谋求新方法、新思路来彻底改变旧有模式,从容应对严峻形势挑战。为了提高我国航天发射任务的保障能力,适应岗位精干精炼发展趋势,解决高密度发射任务下现场遂行人员多、多场兼顾难和多地周转频繁等不利问题。发挥远程专家技术会诊优势,提高多任务交叉并行指挥决策能力和地面设施设备综合保障能力,建设航天测发指挥监控系统(简称测发控系统),配合视频会议系统和指挥调度系统,为决策人员提供实时、全面的任务信息,为技术专家提供深度、定制的任务信息,实现现场指挥与远程决策,前后方全过程、全纬度的技术协作联动。

3.1 任务需求

3.1.1 满足火箭、卫星远距离测发控要求

火箭远距离测试发射控制（简称测发控）后端设备布置在远距离测发楼内；卫星远距离测发控后端设备布置在技术区厂房内。为适应火箭、卫星远距离测发控的要求，需要建立相适应的测发指挥监控系统。

3.1.2 满足远距离测发控任务指挥需求

在远距离测发控方式下，产品转往发射区后，发射阵地各系统指挥员在远距离测发楼内对测试、发射任务实施远距离组织指挥。阵地指挥员对上接收指控中心的指挥，对下指挥包括火箭、卫星、发射场地勤在内的各分系统的工作，各分系统指挥员负责指挥本系统前端岗位操作手，具体指挥关系如图3-1所示。

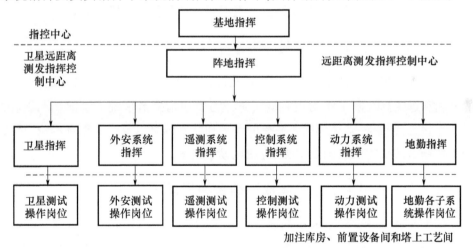

图3-1 航天测发指挥关系示意图

为了实施有效指挥，不仅需要实时了解火箭、卫星、地勤等系统的工作进程、状态信息、前端现场工作情况、收集气象信息、时统信息，还需要及时与上级指挥机构沟通任务信息，向所属系统下达指挥命令、收集回令，参加指控中心组织的全区合练和测控联调等工作。涉及系统多，分布范围广，建立完善的测发指挥监

控系统,将火箭远距离测发控系统、卫星远距离测发控系统、地勤系统、气象系统、指控中心等有机联系起来,实现任务信息的汇集、处理、显示和综合利用,为阵地指挥提供渠道通畅、信息全面、显示直观的任务指挥和辅助决策平台。

3.1.3 满足地勤设备监测和管理需求

发射场地勤设备主要为火箭、卫星的测试提供供电、空调、消防、推进剂加注、供气等测发勤务保障,按照专业可划分为供配电、空调、给排水及消防、加注供气、非标设备等子系统,地勤设备分布在技术区和发射区的众多地面设施内。为了对地勤设备实施有效管理和状态监测,提高发射场地面设备管理维护的信息化水平和发射场试验任务保障水平,对与任务紧密相关的地勤设备工作状态进行实时监测。一方面通过实时采集地勤设备的技术参数上传到测发指挥监控系统,使阵地指挥员能够实时、准确地掌握地勤设备的状态,为产品测试和指挥决策提供信息支持;另一方面,利用长期收集到的丰富的地勤设备信息,可在任务前对设备状态进行预先评估,并据此制订相应的维修或更新计划,确保地勤设备始终处于良好的工作状态,从而提高发射场的试验任务保障能力。

3.1.4 满足任务信息显示需求

采用远距离测发控方式后,发射区火箭、卫星测发指挥、控制以及地勤设备的监测和远距离控制工作均在后端实施。为了使指挥员系统了解前端测试、发射工作状态,需要将采集到的各系统的参数和状态信息以及产品重点部位、重要的工作场所的视频监视画面快捷、直观地显示出来。

3.1.5 满足测发信息集成和综合利用需求

航天发射任务会产生大量的测发数据,包括指挥信息、火箭测试信息、卫星测试信息、地勤设备工作信息、测控信息、气象信息、任务电视监视信息、各系统的故障预案信息等,用于动态显示和任务指挥决策;任务结束后,这些信息则成为对后续任务以及支持发射场试验任务训练具有指导或借鉴意义的宝贵资源。为了保存这些信息,便于事后查询、比对和复现,需要在测发指挥监控系统中建立功能强大的数据存储系统。同时,从某种程度上讲,对这些测发信息的管理能力和综合利用程度真正反映了发射场测发系统的信息化水平。

3.2 基本特征

为满足测发指挥监控任务的需求,符合指挥显示一致化要求,实现发射任务指挥决策的一体化,航天测发指挥监控须具备以下特征。

3.2.1 无人值守模式下指挥信息保障

贯彻箭地一体化发展和发射信息一体化建设思路,实现低温加注开始后无人值守,二级连接器0s脱落;火箭自动测试、自动加注;大幅减少推进剂加注后近端操作工作和人员数量。在无人化操作或无人化巡检状态下,为了及时、全面掌握现场环境、测发进程、产品状况、设施设备运行状态等情况,需要在数据获取方法、数据传输模式、数据分析与管理方案、设备远程监控模式、任务组织指挥程序等方面对测发指挥监控系统进行适应性设计,解决海量指挥信息流的获取、传输、处理、利用和显示等难题。

3.2.2 一体化指挥决策

建立信息共享平台,综合集成测发、测控、通信、气象和技术勤务五大系统业务数据及信息,实现测发、测控、通信、气象和技术勤务五大系统信息共享能力;根据用户使用习惯及关注重点,实现基于角色的差异化显示能力,满足各级指挥所、各级指挥人员、各节点使用;模糊任务类型的影响,实现航天任务通用。

3.2.3 智能化辅助决策

融合使用测试数据、同型号任务历史数据以及运管信息等,利用数据挖掘、特征提取和故障诊断等技术,依据科学准确的规则库对试验任务数据进行自动分析处理,得出判决结果。根据任务进度和人员角色的不同,使用信息分类的方法,推送任务综合态势、异常原因定位、处置预案建议等辅助决策信息,使参加任务人员及时准确掌握发射前试验任务工作进展、地面设备和飞行器状态等情况,飞行中飞行器状态、测控系统跟踪测量和安全控制等情况,飞行结束后对飞行器和地面各系统的评估等情况,提高指挥决策的智能化水平。

3.2.4 自动化指挥测发

充分考虑任务指挥实际情况,按照"自动、灵活"的设计思路及方法,构建基于自动流程驱动的指挥模式。实现指挥命令按时序自动分发、接收及响应,任务进程的监视显示与自动提示、指挥信息自动交换记录、故障问题自动上报和处置预案推送,任务进程的控制和调整等功能,满足指挥员在多种任务场景进行自动化任务指挥的需求。

3.2.5 可视化信息显示

界面设计体现信息可视化思想,采用将数据基础展现与图形设计相结合的技术途径,通过利用数据图形化手段,清晰有效地传达各个业务功能内容。界面设计采用包括二维、三维、视频流等多维表现形式,利用柱状图、分段进度条、拟物化模型、层次图、红绿灯、关联图等多种新型和传统相结合的表现要素实现指挥决策的最有效显示。

3.2.6 集成化运维管理

通过对各系统参试设备状态信息的获取、分析,为设备管理、维护和指挥决策提供技术支持,集中处理各系统参试设备运行参数,分析评估设备工作状态,实现全网设备状态监视、信息流监视分析、用户管理和资源管理等功能,满足日常运行管理和任务指挥决策需求。

3.2.7 人性化辅助操作

设计实现画面个性定制、可视快速导航、即时通信、访问记录分析等辅助功能,使用户操作使用本软件时体验到人性化的服务帮助。

3.3 功能要求

3.3.1 通用接口

通用接口实时接收并解析测发、测控、通信、气象和技术勤务等系统的数据;根据需要以源码形式存储接收到的数据;能够以二进制方式查询源码数据;根据需要向外系统或网络转发数据。

1. 参数配置

数据库服务器存储接口软件的运行环境参数配置表和外系统信息解析配置表。在任务准备阶段访问服务器存储的与本地接口相关的配置信息,对本接口服务器进行参数配置。通过参数配置信息,解析外系统按约定格式发送的信息。根据与系统进行数据交互的外系统,至少应具备同时实现各外系统的数据交互能力。能够根据业务需要,实现对信息交换的组播范围进行配置,满足适应多个业务系统的通用需求。

2. 数据接收解析

通用接口按照接口服务器的信息配置文件实时接收测发、测控、通信、气象和技术勤务等系统的数据,并按照相关协议解析收到的数据。

3. 数据存储

通用接口可以通过菜单选择,以二进制文件形式把接收到的外系统信息存入本机硬盘,供事后复现、系统调试和软件测试使用。另外,独立存储错误的数据帧,便于专业人员查询分析异常情况。任务结束后,把保存的二进制文件通过文件服务器存入存储系统。软件可以在信息接收过程中选择是否存储。

4. 数据发送

对接收到的数据解析后,按照约定的传输协议组织成数据帧,将其发送至系统网络。数据发送能够根据需要实现流量控制、范围指定等。

5. 数据收发统计与查询

通用接口能够显示进出接口微机的信息,对接收和转发的数据进行统计(正常和错误帧计数),能够按帧(或包)范围实时查询接收的数据十六进制原码,为实时故障检查和结果比对提供支持。

6. 数据模拟

根据需要构造数据包,模拟各种外系统数据和系统内部数据;可以模拟各种异常数据对测发指挥监控系统的异常处理能力进行检验;向各接口服务器发送数据的速率可调整。

7. 数据回放

数据回放可以读取任何一台接口服务器存储的外系统源码数据并向系统网络发送。

8. 网络状态监视

能够自动检测并显示本接口机与网络连接的状态。

9. 向外系统转发数据

通用接口提供向外系统转发数据的能力；转发数据时，可以按信息类型有选择地进行转发，可以设置数据转发的频率。

10. 主机、备机状态切换

建立主机、备机状态识别功能；完成主机、备机状态信号交换；异常情况下主机、备机状态切换功能。

3.3.2 数据服务

1. 数据接收

通过网络接收接口服务器发送的测试数据、地勤数据以及指挥信息等。

2. 数据存储

根据需要将接收到的火箭、卫星、地勤系统以及通信系统T0、发射窗口等数据按信息类别存入数据库。

3. 数据库维护

提供数据库维护功能，能方便录入、查询和修改数据库。数据库内容包含任务所需要的信息转换参数表等。数据库包括任务数据库、故障数据库、文件资料数据库。

4. 数据统计

对接收的数据帧进行统计，包括正确帧和错误帧。

5. 集群管理

两台数据库服务器运行相同功能的软件，同时向两台磁盘阵列存储数据、向其他分系统提供统一的系统配置信息；通过在操作系统端进行集群管理设置，保证同一时刻只有一台向外提供数据。

6. 事后数据入库

任务结束后将各接口服务器存储的二进制源码数据存入数据库，进行统一的存储管理。

7. 报表生成功能

根据需要，从数据库中检索火箭、地勤等系统的相关数据，生成某种形式的报表，用于后续的试验任务。

8. 日志功能

对软件关键操作事件以及数据库中数据的修改和删除需要写入日志。

3.3.3 信息浏览

以多种方式查询试验任务中存储的历史记录,查询方式包括"试验任务代号""试验任务时段""系统名称"等,并具有简单的统计分析功能。能够以多种方式查询试验故障数据的记录,查询方式包括"试验任务代号""故障名称""故障性质""故障仪器"和"发生阶段"等。能够查询存储的历史资料,包括文件、图片和影像资料等。能够查询用户管理信息,包括按姓名、单位、职务等。

3.3.4 辅助决策

1. 判决规则库建立和维护

基于历史故障和理论设定故障,分析重要参数与单机设备、火箭故障之间的关联性,建立判决树、阈值上下限、关联启判参数等判决规则。通过配置方式对测试参数等判决进行设置,包括参数选择、参数格式约定、阈值、判决规则等。

2. 数据接收解析

接收任务指挥的指令与实时测试数据,实时接收测发火箭电测的数据,并按照相关协议解析收到的数据。

3. 对测试参数的合格性给出判断

使用阈值分析法对火箭测试期间产生的各种数据(至少是火箭射前监测参数)进行分析处理,并给出处理结果。临界值判别法:在分析模拟量或数字量如计算机字、连续量参数、速变参数时,根据历史数据或经验确定正常数据的上、下临界值,将实测数据与阈值进行比较,得到数据正常或不正常的结论。如判断电压、温度值是否正常时,首先设定一个正常的阈值范围,当电压或温度超过阈值时,则反应系统或传感器可能出现问题。

4. 对设备的工作状态进行判决

根据建立的判决规则库中判决树,实时对设备的工作状态给出判断。

5. 对测试项目的工作状态进行判决

根据建立的判决规则库中判决树,实时对测试项目的工作状态给出判断。

6. 对分系统的工作状态进行判决

根据建立的判决规则库中判决树,实时对测试分系统的工作状态给出判断。

7. 对火箭的总体工作状态进行判决

根据接收到的测试数据,对火箭的总体工作状态给出判断。例如,射前综合状态中的火箭状态的判断、分系统工作状态的判断。火箭决策支持中各分系统工作状态的判断。火箭最低发射条件监测中各设备工作情况、各系统工作状态的判断。

8. 判决处理发送

根据收到的各分系统的具体参数和状态,进行分析以及各种逻辑处理,按照人工干预结果与自动判决结果的优先规则,选取综合处理结果发送至指挥显示。

9. 干预参数设置

火箭测试期间,对于显示的测试数据、参数名称和理论范围,可以进行人工干预,人工干预的级别最高。提供本地人工干预操作界面,能够设定对哪些参数进行干预,设置干预的方式。干预的方式包括清空指挥显示中对应参数的显示、使用新的测试值代替原来的测试值、使用新的参数名称代替原来的参数名称、使用新的理论范围代替原来的理论范围、截断数据的发送。

10. 干预结果记录存储

将操作人员、干预时间、修改操作等内容记入日志文件,将人工干预判决结果存入日志文件。

11. 干预内容发送

周期性地将干预的内容发送至指挥显示,确保不同时段、不同地点的显示效果保持一致。

12. 测发系统事后评估

在发射完成后,由人员结合各方面的信息,生成测发系统工作情况评定结果,对测发系统的总体工作状态给出判断。

3.3.5 管理控制

1. 远程监控客户端计算机

远程启动与关闭连接在网络上的计算机;能够远程抓取指定计算机的屏幕信息;能够向指定计算机发送消息或图像;能够远程启动和关闭网络计算机上的

特定软件,并对软件功能界面进行切换;上述操作须向服务器端反馈执行结果。记录在网络中上线的客户端微机的 IP 与物理地址(MAC)地址以及上下线时间。

2. 运行情况监控

接收软件链监信息,统计显示辅助决策、数据服务、指挥显示、信息浏览、显示控制、通用接口等运行情况。

3. 用户管理

增删改查用户基础信息;个性化配置用户的软件使用环境;负责测发指挥监控系统软件的权限管理,创建用户角色并分配给用户;记录管理员的操作日志,如系统登录时间、功能页面访问、数据操作等。用户按照使用需求和操作需求,总体分为三类:决策指挥人员、技术支持人员和普通参试人员。其中,决策指挥人员承担现场指挥和决策的职能,主要包括指挥长、各级领导和各职能领导组核心人员,该层次人员使用权限最高,设置为高等级别,能够访问到决策信息、指挥信息、基础信息(部分)、即时通信、故障推送、故障信息查询等核心功能。技术支持人员一般指系统总体或参与本系统决策的人员,设置为中高级别,能够访问到决策信息、基础信息、即时通信、故障推送、人工干预、故障信息查询等功能,能够在技术层面上保持与决策者信息同步。普通参试人员作为普通用户,设置为中等级别,能够访问到决策信息、基础信息、即时通信、故障推送等功能。

4. 系统运行数据管理

配置系统运行所需的必要数据如任务代号、允许接入系统的 IP 和 MAC 地址、各服务器 IP 地址等,并根据实际需要调用和切换,同时将操作用户信息、操作时间记录在日志里。

5. 软件版本管理

通过规范的软件升级机制上传和统一分发软件升级包,更新软件版本配置文件;服务器端软件统计客户端微机软件升级情况,在日志中记录软件版本修改信息,如版本号、操作时间、操作类型、操作人员等。客户端软件在本地配置文件中记录当前软件版本号。

3.3.6 指挥显示

指挥显示在完全自主可控的国产软硬件平台之上收集测发、测控、通信、气象和技术勤务五大系统所有信息,进行融合分析,实现以下功能:适应各指挥所、各系统、各型号使用的一体化;以视频、动画、图形、曲线、文本等多种展示方式结合的可视化;满足自动化指挥测发、全时段多方位辅助决策要求的智能化。指挥显示力争在扩展性、灵活性、规范性和稳定性方面得到进一步的提升,为各级首长、指挥员和相关技术人员的指挥决策提供信息支持。测发、测控、通信、气象和技术勤务五大系统的指挥显示在试验任务中分别由不同的单位维护,因此指挥显示的开发和维护需要遵循"统一规划、总体设计、共同研制、各方维护"的设计思路。基于上述原因,规划好指挥显示的架构至关重要。指挥显示的架构图如图3-2所示。

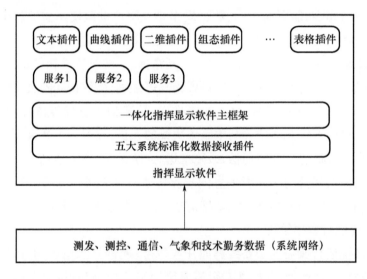

图3-2 指挥显示架构图

指挥显示的功能如下。

1. 决策支持

全系统态势判决。呈现射前进入发射程序后,各大系统工作进程、参试设备、测试状态、测试参数的综合势态,并自下而上给出正常与否的结论。

火箭系统态势判决。展示火箭测试情况,对火箭系统状态进行判断,故障情况下推送故障现象、异常参数、处置预案。

卫星系统态势判决。展示卫星测试情况,对卫星系统状态进行判断,故障情况下推送故障现象、异常参数、处置预案。

地勤系统态势判决。对地勤系统运行状态进行监视分析,分析设备设施的故障和异常,并进行实时报警显示。

2. 任务指挥

实时接收显示各类指挥信息和故障上报信息。显示所属下级指挥岗位状态,包括确认信息、准备信息和完成情况信息;显示试验进度状态、当前口令、下一口令内容;以列表形式显示与上、下级指挥信息交换内容;显示下级上报的故障信息。

3. 信息展示

1) 展示方式

表格方式:用于直接显示接收到的各种测试和监控数据。

图形方式:如用曲线方式显示箭上关键遥测数据、地勤关键监控数据或气象关键监测数据等,用温度计图形控件形象显示当前温度,用带刻度的表盘控件显示平台姿态角等。

图像方式:接收视频监控系统以 IpStream 方式发送的流媒体数据,解析并显示各种监控图像,根据需要,也能够将视频和文字关联并同步显示。

文字方式:如显示各种时间信息、关键口令和标语等。

文档方式:如显示发射预案和指挥程序等。

组态方式:显示火箭加注信息等。

二维、三维方式:基于地理信息系统(GIS)技术立体显示形式显示包括地形信息、空间环境信息、特效、星下点轨迹等飞行相关内容。

多媒体方式:基于动画效果显示包括飞行时序、流程信息、状态信息、试验文书、发射场简介等相关内容,显示发射场重要场所,火箭、地面设施设备的重要部件的实时监控图像。

Web 调用方式:通过 Web 调用方式显示地勤系统、气象系统和通信系统等相关系统的部分内容。

2) 展示的主要内容

主要展示测发、测控、通信、气象和技术勤务五大系统的总体态势、测试监控数据、测量数据、工作状态等,并提供文书资料静态查询。

决策支持信息展示:展示全系统射前总体态势及测发、测控、通信、气象、技术勤务等各系统射前态势;展示发射场全系统及各系统最低发射条件符合情况。

测发电测信息展示：面向测发总体和专业技术人员，基于相关技术协议，完成产品射前控制系统、动力系统、测量系统等系统测试的关键参数显示，主要包括火箭测试流程、测试进程、测试项目进行及其状态信息，火箭伺服机构、平台、发动机、模拟飞行时序等关键测试信息，各分系统测试设备工作状态信息。综合显示辅助决策结果，实现故障警示，在判别故障的情况下推送相应处置方案。

测发地勤信息展示：面向测发总体和专业技术人员，基于相关技术协议，完成产品测试、加注、发射期间地勤系统的关键参数显示，主要包括加注、供气、摆杆、空调、瞄准窗、平台、消防等子系统相关信息。综合显示辅助决策结果，实现故障警示。

文书资料信息展示：面向全体参试人员，提供试验相关的文件资料静态显示，可包括飞试方案、应急预案、任务介绍、发射场简介、重要岗位和参试人员联系方式等。

4. 数据解析与处理

数据解析：根据确定的一体化指挥数据传输帧协议格式，解析出每一个参数的物理结果，并按照约定判断方式对结果判断。

数据处理：倒计时计算，根据预设的点火时间（又称发射窗口时间）和当前标准北京时，计算距离点火的倒计时时间；飞行时计算，根据实际的起飞T0时间和当前标准北京时，计算距离飞行器起飞的时间。

5. 数据收发

软件通过组播方式接收各系统发送的测试、测控和监控数据等内容，同时，以组播方式向网络发送解析处理后的数据。软件按照规定的标准协议接收或发送各种数据。

6. 参数配置

通过参数配置方式实现任务代号、任务性质、发射工位、发射窗口等基本内容的配置，实现显示画面、显示布局、菜单结构的内容配置；软件能够适应多种型号任务；适应不同型号任务时不需要修改软件代码，只需进行相关参数的配置即可；能够根据实际情况配置需要的页面，比如运行在图形工作站时，需要配置三维显示页面，而运行在国产自主可控的指挥显示微机上时，则不需要配置三维显示页面；同时接收通信系统时统子系统和测控系统发送的T0，两路T0的使用可以方便地切换；可设置是否使用测控系统发送的发射窗口时刻。

7. 辅助功能

1）关键数据恢复

可设置是否需要进行数据恢复。如果"需要数据恢复",则软件在正常运行过程中,由于非正常情况退出并且重新启动后,能够恢复关键的状态和参数。

2）Web 调用

调用测发地勤、通信、气象、技术勤务等系统以网页形式提供的 Web 服务,显示相关系统的信息。

3）窗口调整

全屏显示,实现信息显示区的画面全屏、恢复等功能;区域信息放大:实现选择区域信息的放大与恢复。

4）异常信息汇总

将出现异常的数据汇总至一个页面显示,方便相关人员查看。

5）显示页面一键导出

使用快捷键可以一键导出所有显示页面,方便系统维护人员与外系统进行数据比对等。

3.3.7 显示控制

显示控制软件用于控制条屏 LED 的信息显示,主要功能如下。

1. 数据接收

通过网络接收测试进程、气象数据和各种时间信息等内容。

2. 数据显示

显示北京时、倒计时、飞行时、T0 和发射窗口;显示模飞或发射关键时间指令和其他测试数据;任务推进剂加注时显示加注数据;显示任务进程;显示关键气象数据;显示关键指挥口令。

3. 画面自动切换

能够根据 T0 识别任务进程,T0 触发后能够自动切换显示内容,将倒计时、发射窗口自动调整为 T0 时和飞行时。

4. 标语、口号文字显示

提供手动输入标语、口号、指挥口令等文字并显示。

5. 软件设置

提供对显示内容的配置,包括显示内容的位置、字体大小和颜色等;同时收取时统和测控系统发送的 T0,两路 T0 的使用可以方便地切换;可设置是否使用测控系统发送的发射窗口时刻;根据实际任务阶段,可以对显示内容进行切换。

6. 数据发送

对接收到通信系统时统子系统和测控系统发送的 T0 选择一路向网络发送。

7. 网络检测

实时检测并显示网络的连接状态。

8. 数据收发统计

对接收和发送的数据帧进行统计,包括正确帧和错误帧。

3.4 硬件平台

硬件平台是测发指挥监控系统运行的支撑,主要包括网络交换机、防火墙、服务器、存储系统、微机、大屏 LED 显示工作站、小间距 LED 屏、拼接处理器和液晶电视等。由于系统包含的硬件较多,连接关系比较复杂,下面从网络和分系统的角度分别说明。

3.4.1 网络体系结构

测发指挥监控系统的网络设计为两层架构,即核心层和接入层。核心层使用自主可控的框式交换机,通过组成主备组,确保了核心交换机的可靠性;接入层交换机使用自主可控的盒式交换机,包括显示交换机、服务交换机,接入层和核心层交换机使用在不同物理设备(指交换机)上的多条链路连接在一起,形成跨设备链路聚合组,具有增强带宽和链路备份的作用,能够有效地提高系统核心层和接入层上下行的带宽和链路的可靠性。

3.4.2 显示分系统硬件组成结构

显示分系统硬件主要包括小间距彩色 LED 大屏及其配套设备、彩色 LED 条屏、拼接处理器、显示交换机、指挥显示微机、大屏 LED 显示工作站、大屏 LED 显示控制微机、条屏 LED 显示控制微机、液晶电视等,显示分系统硬件组成结构图如图 3-3 所示。

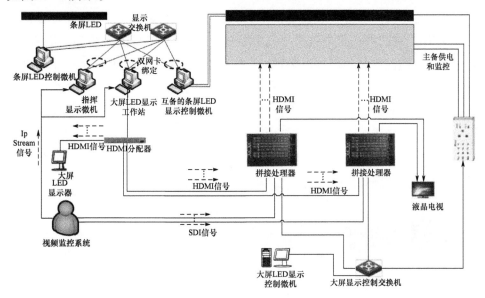

图 3-3　显示分系统硬件组成结构图

指挥显示微机、大屏 LED 显示工作站、条屏 LED 显示控制微机使用双网卡绑定连接显示交换机。指挥显示微机与通信系统连接,接收通信系统视频监控子系统以 IP Stream 流媒体方式发送视频监控信息。互为热备条屏 LED 显示控制微机与条屏 LED 显示屏连接,控制该条屏 LED 屏的显示,当其中 1 台微机或与其连接的链路出现异常时,另 1 台可以在 3s 内实现信号的正常输出。大屏 LED 显示工作站输出的 HDMI 信号和通信系统视频监控子系统发送的数字分量串行接口(SDI)视频监控信号输入至互为热备的 LED 拼接处理器,拼接器每台输出数字视频接口(DVI)信号至小间距彩色大屏 LED,互为热备的 LED 拼接处理器的切换时间不大于 3s。分别放置在测发指挥监控大厅和工作间的大屏 LED 显示控制微机通过大屏显示控制交换机与拼接处理器连接,实现对大屏 LED 和液晶电视输入信号的控制及操作。部署在测发指挥监控工作间的液晶电视分别连接拼接处理器,用于通过监视视频监控系统发送的 SDI 视频信息,以及回显大屏 LED 及各工作间电视的显示图像信息。大屏 LED 显示工作站也接收通信系统视频监控子系统以 IP Stream 流媒体方式发送的视频监控信息,作为大屏 LED 显示输入 SDI 视频信号的备份方式。

3.4.3 服务分系统硬件组成结构

服务分系统的硬件主要包括核心交换机、服务交换机、服务器、光纤存储交换机、存储系统和数据服务微机。其中服务交换机(接入层交换机)使用链路聚合与核心交换机连接,服务器和数据服务微机分别通过双网卡绑定技术与服务交换机连接。光纤存储交换机组成独立于系统网络的存储区域网,数据库服务器和文件服务器通过双网卡绑定技术分别与光纤存储交换机连接,存储系统也与光纤存储交换机连接,试验任务中的各种数据都在存储系统中存储。Web 服务器和数据转发服务器都与 IP 网接口交换机连接,用于连接 IP 网。服务分系统硬件结构图如图 3-4 所示。

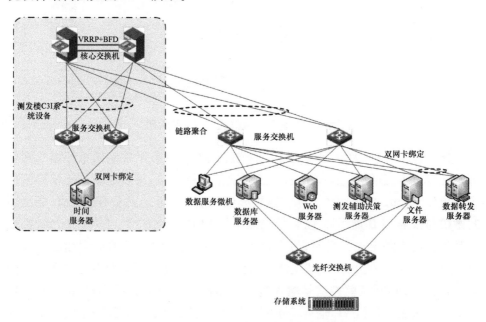

图 3-4 服务分系统硬件组成结构图

3.4.4 接口分系统硬件组成结构

接口分系统由互为热备的接口服务器、IP 网接口交换机、接口交换机、防火墙组成。接口服务器用于满足多发任务并行的需求,多台互备用于提高系统的可靠性。每台接口服务器安装 4 块网卡,其中 2 块使用双网卡绑定技术分别连接接入层的服务交换机,另外 2 块使用双网卡绑定技术通过 2 台接口交换机连接互为备份的 2 台防火墙连接,防火墙分别连接火箭系统和卫星系统,用于接收火箭和卫星数据,并向卫星系统发送起飞后的卫星遥测数据(包含在测控数据中);通过接口交换机接收通信系统时统子系统的 T0 信息。Web 服务器和数据转发服务器都与 IP 网接口交换机连接,用于连接 IP 网,向 IP 网用户提供其需要的信息。大屏 LED 显示工作站也通过 IP 网接口交换机与 IP 网连接,用于接收通信系统视频监控子系统以 IP Stream 流媒体方式发送的视频监控信息,作为大屏 LED 显示输入 SDI 视频信号的备份方式。显示交换机也通过单向网闸向火箭数据转发微机发送数据,用于在试验任务中通过安全和保密设备向产品部门单向传输火箭数据和部分地勤数据。接口分系统的硬件组成结构如图 3-5 所示。

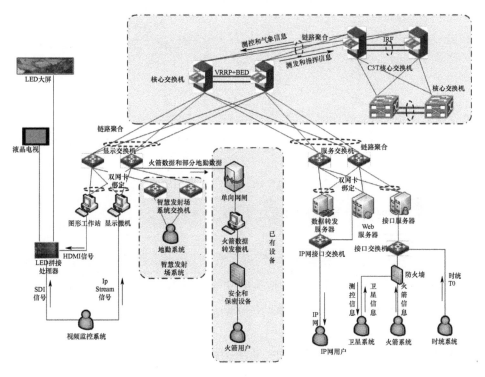

图 3-5　接口分系统硬件组成结构图

3.4.5　运管分系统硬件组成结构

运管分系统由运管采集存储服务器、Web 服务器组成,分别通过双网卡绑定技术连接服务交换机和大屏显示控制交换机,用于实时读取服务器、计算机、交换机、存储系统、LED 大屏、拼接处理器、数据库管理系统等软硬件的状态信息等,并通过数据库服务器进行存储。运管信息的显示通过指挥显示微机以 Web 方式调用。其硬件组成结构如图 3-6 所示。

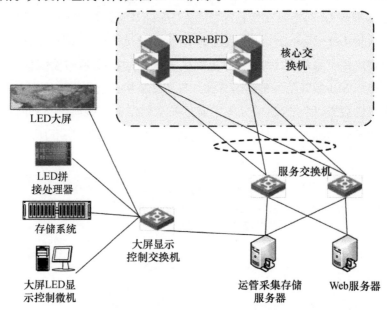

图 3-6　运管分系统硬件组成结构图

运管分系统软件的主要功能如下。

1. 状态监控

获取系统设备和软件的状态参数,分析其运行状态,提供可视化的分层显示功能,分析网络中的各种信息流。对系统设备故障情况进行监测、判定、告警提示,定位并隔离故障,对违规信息流进行控制。

2. 资源管理

管理系统指定范围内的 IP 地址、域名、端口等,避免配置冲突。

3. 流量分析

对获取的网络流量信息进行分析,以图形化方式动态显示网络流量,对产生阻塞的网段进行报警。

4. 运管信息交互

可以与相关系统的运管信息交互。

第三篇

航天发射数字化

第 4 章
航天发射场数字化合练与评估验证

航天发射试验工程是一项复杂的系统工程,涉及发射场、运载火箭、航天器、测控等多个大系统。其中与测发任务紧密相关的主要包括发射场、运载火箭和航天器系统,为确保航天发射试验任务万无一失、安全可靠,需要对这三大系统所涉及的前期设计、工艺流程、接口操作、组织指挥模式等进行深入细致的协调和分析验证;需要对人员操作、任务状态进行反复演练和科学评估;需要对任务关键环节增加仿真推演和分析工作。随着当前发射场承担的发射任务越来越重、复杂度和可靠性要求增加,传统的试验任务工作模式需要不断创新以适应不断增长和不断变化的需求,航天发射场试验任务迫切需要采用新的技术手段创新工作模式。在已有成功工作经验的基础上,以数字化信息技术为支撑,拓展新的试验手段、试验模式,以实现对现有航天试验任务的有效补充和科学完善。以仿真为核心的数字化合练与评估验证技术已成为这一领域的有效支撑手段。

服务于航天发射场的工程规划设计、测发总体等职能,先期开展总体论证、工程设计以及测发流程设计与验证等都需要科学的信息技术手段进行支撑,数字化合练与评估验证技术的提出正是适应这一使命任务要求。从理论、技术、实践等不同层面全面提升发射场数字化建设内涵,并在航天发射场规划、设计、建设与开展试验任务的不同阶段提供有效支撑服务。

4.1 需求分析

4.1.1 三维设计需求

目前,航天发射场采用三维设计技术进行方案设计,与航天部运载器、航天器等研制部门之间的模型要能进行模型的转化使用。目前,三维设计使用的软件是 REVIT 和 PRO/E,航天部产品部门使用的软件是 PRO/E,航天发射数字化使用的软件是 3DSMAX,需要相应的技术手段和方案解决模型通用性问题以及利用三维设计软件 NavisWork 实现专业协同,完善数字化快速协同的应用模式,开展干涉检查、空间分析、管路设计等。

4.1.2 工艺流程设计需求

航天发射采用了新三垂模式、新型航天器、更加复杂的测发工艺,发射场测试保障体系面临着诸多新的考验。为保证任务工作的顺利开展,有必要提前进行测试工作模式、测发流程和测试保障方案的设计、协同、验证和优化,以提高测试效率和安全性。以往的工艺流程设计以图形、表格、文字描述为主,因此,研制发射场测发流程仿真系统,开展流程可视化设计与优化,科学制定发射场测试项目与流程,为发射场保障条件的建设提供依据。

4.1.3 仿真试验需求

1. 分系统仿真验证需求

航天发射场及工业产品部门的火箭及运载器的设计要遵循相应的设计标准,各系统的分析与设计的实施过程中一个重要的步骤便是进行系统及分系统的仿真,旨在对各工业产品从硬件、软件和人员操作流程及接口的综合设计的科学性和可信性进行先期验证和评估。

这种方式可以有效填补现有系统设计表现形式上的不足。目前,产品技术方案主要依据基于文字或平面设计的计算机辅助设计(CAD)图纸来进行描述,表现得不够直观,物体间的空间相对关系、运动过程中的干涉等动态信息无法获取,无法体现工业产品设计和操作流程的细节及全部动态过程。在产品设计要求标准高、精度高的前提下,建立仿真系统,通过仿真演示和推演模式来确定详细、复杂的产品设计很有必要。

每次航天试验任务中产生的各种测试、飞行试验数据是不可多得的宝贵财富,对其进行分析与评估能对今后的试验任务起到参考及指导作用。然而,实际任务数量有限,且无法反映各种可能状态(如故障、病态等)下的信息,对今后任务的参考面窄。采用仿真手段,可以模拟测发过程中各设备、仪器的状态,产生多种情况下的各类数据与信息,为试验数据的分析与评估工作提供丰富的样本与资源。同时,还将大力促进试验数据分析与评估方法发展,如信息采集与综合处理、遥测试验数据快速处理、飞行器入轨精度分析、故障分析与处理等。

2. 协调仿真需求

航天测发涉及设施设备数量大、种类多,且相关合作单位众多,专业繁复,是一个复杂的系统工程,因此相互之间合作会面临大量的协调问题。其中,包括工艺间布局协调、机械接口协调、电气接口协调等。协调的方式一般都是通过文字、CAD 图纸、图像等进行信息的交互沟通,严重缺乏直观、全面的协调平台,协调效率低,且由于缺乏良好的表达手段容易出现沟通不足的问题,有时相互之间甚至会产生理解上的偏差,协调仿真系统正是针对这些问题而提出的。协调仿真的内容主要是空间协调和接口协调,该系统在三维辅助协同环境的支持下,可以对工艺间、火箭、航天器涉及的设备、平台、管路、瞄准干涉、重要接口布局等实现协调仿真,及时发现设计中存在的问题,确保测发系统的可操作性和安全性。

3. 动力学仿真需求

在航天测发过程中,道路设施(公路或铁路)主要用于航天器及其运载器的转运,因此,水平转运公路要求路面等级不低于二级,路面宽度大于车身宽度,转弯半径满足火箭水平转运的要求。由于吊装物非常贵重,尤其对于某些加注了推进剂或者又含有火工品的吊装物而言,爆炸危险性极高,所以要求吊装操作绝对安全可靠。具体要求体现在,杜绝伤害吊装物和人员;吊钩拉偏角不允许超过一定阈值;吊钩移动要求速度可调、平稳;只允许在电机工作时放下吊装物,不允许在电机制动状态下自由放下吊装物等。液氢液氧做推进剂能提高液体火箭的性能,但同时由于低温的某些特性给地面加注系统的设计带来一系列问题。

有必要采用一种适用面广、周期短、方便灵活和成本低廉的仿真验证手段,实现在多种条件下、大范围内进行动力学模拟,突破现实条件的限制;缩短设施设备和工艺流程的验证周期,仅以天和小时计;实现模拟细节的随时获取,没有测量困难、误差及对系统的干扰;实现建造和运行装置的零成本,没有环境的影响和安全隐患,可无限次复制和改造。

4.1.4 管理需求

1. 发射场环境仿真需求

发射场集中了航天、建筑、机械、加注、环境保护等众多专业的最新技术,是一个庞大的系统工程,为了保证其顺利建设并良好运行,需要将发射场的建设规划、实施进程以及运行状态经常性地向领导、专家、各专业相关人员进行汇报和展示。但是,在发射场的建设和运行过程所产生的大量数据中有很多都无法进行有效的利用,其中很重要的一个原因是这些数据还是以图纸、文档,甚至比特和数字的形式存放,没有良好的可视化手段进行展示。因此,需要能够将发射场的关键设施设备的信息进行收集、整理、归纳,并且按照发射场地理坐标建立完整的信息模型并进行可视化,从而使用户可以根据需要灵活便捷地从宏观到微观快速、完整、形象地了解发射场。

2. 设施设备数字化管理需求

航天发射场地面设施设备是我国航天工程的重要组成部分,具有种类多、系统性强、技术含量高等特点,为各类航天器测发任务提供了重要技术支持与勤务保障。随着近几年发射场信息化的不断推进,以及我国运载火箭、卫星和飞船等航天器质量的不断提升,发射场地面设施设备的复杂程度也在逐步提高,安全性和可靠性要求不断增强,其保障发射试验任务顺利完成的基础性支撑地位也愈发明显。

建立一个统一的信息化管理平台,实施以信息技术为基础的地面设施设备管理,为各级指挥及技术人员提供准确实时的设施设备技术状态,提高地面设施设备全寿命周期管理能力,增强信息化条件下地面设施设备可靠性和安全性水平,已经成为摆在航天发射场建设中一项紧迫而艰巨的使命任务。

通过分析航天发射场对地面设施设备全寿命周期信息化管理的需求,设施设备数字化管理将发射场地面设施设备的全寿命周期数据及任务相关信息进行有效集成,为智能化管理设施设备提供良好的底层数据支撑。各部门可以利用管理系统来存储、获取、分析和传递设施设备的各种信息,改善发射场设施设备管理的效率,提高管理的水平,促进管理的科学化和规范化,从而保证试验任务的顺利进行。

3. 任务信息管理需求

发射场任务信息涉及从任务下达到任务完成的各类相关信息,它们通常分散于各单位、各主要部门,且多采取人工方式进行记录与收集,导致了这些信息的利用程度及发挥的作用水平较低。主要体现在两个方面:一是数据的信息化程度不高,数据信息大多处于孤立、分散、存档状态,不能方便地查询与共享;二是缺乏先进的、系统的技术分析手段,直接影响到数据分析水平及信息挖潜能力。

借鉴和利用现代信息化技术,建设数字化、信息化、网络化的任务信息平台、提高任务数据利用与分析能力是航天发射数字化建设中的一项重要工作内容。

4.1.5 测发任务需求

目前,机械合练广泛地存在于发射场的发射任务执行过程中,是火箭发射前合练工作的重要组成部分,机械合练涉及的内容包括火箭、航天器(卫星或飞船)测试、加注、吊装、转运、发射等工艺,箭塔之间加注、供气、供电等接口间的匹配及适应性检查等。

完成一次机械合练,往往需要动用费用昂贵的合练箭、合练星,合练需要参与的各系统人员也非常多。而且,在当前各发射场发射任务密集的前提下,合练周期容易挤占本来就十分紧张的发射任务时间。因此,机械化合练工作带来的问题包括费用昂贵、人员浪费以及占用发射周期等,已经越来越不能适应高密度发射任务以及发射场测发工作信息化的要求,急需通过技术手段来提升机械化合练的层次,提高发射场测发设施设备的综合利用效率。

数字化机械合练就是在当前的这种形势下应运而生的,它的内涵在于通过计算机仿真技术,建立完成发射场机械合练的虚拟仿真环境,实现相关测发工艺过程、评估手段及辅助训练的建模工作,并为用户提供灵活、丰富的交互手段。数字化机械合练的提出,除了上述提到的合练工作本身存在的实际需求外,还包括技术成熟为相关工作开展提供了切实保障,仿真建模、虚拟现实等技术的快速发展和深入应用为实现数字化机械合练提供了良好的技术实现途径。

4.1.6 训练需求

随着我国航天事业发展的急迫需要,在火箭测发技术、方法等方面的高层次人才培养工作迫在眉睫。面向实际系统的人员培训方式越来越显示出它的局限性:一是受到各种条件的限制,不能深入掌握测发机理,缺乏灵活性;二是不能有效地跨岗位训练,岗位角色转换过程相对较长,难以适应人员流动频繁的现状。

建立相应的测发仿真系统可使训练过程不受实际任务、时间、费用等因素的限制,并可通过多种方式对不同层次的人员进行训练,以解决上述问题。可使受训人员熟悉测发关键技术要点,掌握实际测试与控制操作方法,并通过积极参加相关试验任务,使他们具备熟练的操作能力、指挥能力。针对岗位技术人员可进行测发技术岗位的任务操作训练,对于指挥人员则可进行测发流程、信息流程、故障预案、测发任务组织与实施等训练。此外,测发指挥人员在实际发射任务执行过程中可能面临一些突发事件,需要及时发现问题并进行应急处理,所有这些都势必要求发射场在测发训练模式上探索新的途径。

4.1.7 质量需求

航天发射场的数字化建设工作是一项规模大、综合性强的工程任务,涉及了众多人员、设施设备、数据,还需要考虑与航天部设计部门的接口,这是一个技术门槛高、质量要求高的过程。因此,必须建立完善的航天发射数字化的规范标准体系和质量管理体系才能保证数字化工作的统一性、通用性、可移植性和过程及管理质量可控。第一,按照航天发射数字化建设的要求,需要在模型描述、数据描述与交换、接口描述、异构数据集成等方面制定完善的发射场数字化标准;第二,需要把好数字化设计、验证、管理和训练等各方面的质量关,形成适应航天发射数字化建设全过程的质量控制规范。

4.2 基本概念

作为航天发射场创新性的试验任务模式,数字化合练与评估验证技术不仅仅是构建几个仿真系统并在上面进行试验。在经历了多年的工作积累和技术总结后,我们认为可以初步提出以数字化合练为中心的数字化试验理论支撑体系,从而为后续数字化试验工作的全面展开奠定科学的理论指导依据。

4.2.1 航天发射试验与航天发射试验工程

在讨论航天发射场数字化试验与数字化合练与评估验证的基本内涵之前,需要首先界定航天发射试验的定义,即确定数字化合练与评估验证的研究对象和试验内容。

航天发射试验包括一系列的试验活动,主要有航天器、运载器在发射场进行的全部测试、装配、转运、起竖、对接、加注、射前检查、发射及事故处理等工作,同时也包括航天发射场相应的勤务准备及地面测量控制与飞行试验结果分析。

航天发射试验工程作为航天工程的组成部分,是一门研究航天发射各相关系统的组织管理、工程技术、发射场建设及其有关设施设备的设计、制造、试验和使用的系统工程,它与运载火箭、航天器技术有着密切的联系,也随着运载火箭、航天器技术的发展而发展。

4.2.2 数字化航天发射场

近年来,我国航天发射场建设工作均提出了数字化航天发射场的建设目标,数字化航天发射场自然与航天发射场数字化试验是紧密联系的,两者是整体与局部组成部分的关系,即数字化试验是数字化航天发射场的建设内容之一。

关于什么是数字化发射场、数字化发射场的基本内涵包括哪些内容等,目前尚未见到系统、权威的论述,现有的文献中对于数字化发射场的阐述大多从作者关注的内容出发,都没有从本质上阐述清晰、完整。科学地定义数字化发射场的概念、内涵,对于数字化发射场的建设具有基础性的指导作用。

1. 基本内涵

结合发射场的职能定位和主要组成,给出数字化发射场的定义如下:围绕航天发射试验任务需求，在发射场信息采集、传输、存储、利用的各个环节全面应用数字化技术，以提高发射场任务执行工作的可靠性、高效性，并满足发射场相关工作自动化、智能化、模拟化的目标和要求。

数字化发射场的几个主要特征如下。

（1）数字化蕴含在发射场的各个组成部分。实现发射场的数字化，必须在测试发射、测量通信、指挥控制等发射场组成部分中建立统一、协调、完备的数字化基础，并应用于信息的采集、传输、存储和利用各个环节。

（2）数字化覆盖发射场的全寿命周期。为保证发射场数字化工作的连续性、继承性和重用性，需要在发射场规划设计、建设改造、任务执行、维护保障以及退役等全寿命周期中应用和推广数字化技术。

（3）数字化紧紧依托发射场的多专业和多领域知识。建好数字化发射场，必须在充分利用各种信息技术的基础上，紧密结合发射场相关专业和相关领域的知识，确保发射场数字化建设工作根植于发射场，应用于发射场。

以上是从广义上给出的数字化发射场的概念和内涵；下面结合数字化合练与评估验证的相关内容，给出狭义层面的三维数字化发射场的定义，即以仿真技术为依托，围绕发射场试验任务计划辅助制定、测发工艺协调与验证、数字化合练以及突发事件应急处置仿真分析与评估等内容建立数字化仿真环境，实现计划制定自动化、工艺协调科学化、人员训练模拟化、应急处置虚拟化。

2. 三维数字化发射场建设内容

三维数字化发射场是依托仿真手段构建的全三维、等比例的发射场任务执行虚拟环境，其中，发射场的塔架、厂房等设施设备、火箭、卫星等产品严格按照实物的真实尺寸进行1∶1还原，模拟的各种测发工作流程、各项操作活动要素完备、功能实现与实际任务执行过程相一致。总体而言，该三维数字化发射场主要实现发射场任务计划辅助制定、测发工艺协调与验证、测发全流程数字化推演、应急处置仿真分析与评估等功能。

任务计划辅助制定功能：依托发射场测发总体要求、工作流程和发射场主要设施、设备及人力等资源，建立面向目标和资源约束条件下的发射场任务计划安排仿真模型，在三维仿真环境提供逼真的任务推演手段，实现高密度发射条件下复杂试验任务的规划与优化设计工作，提升总体保障能力。

测发工艺协调与仿真验证功能：针对发射场测发任务下的主要接口及工艺

协调,为发射场系统、火箭系统及航天器系统提供三维协调手段,提升发射场测发总体保障能力;通过建立逼真的三维工艺仿真流程和精确的分析评估模型,可以满足发射场新建发射工位及测试厂房在工程规划、设计阶段的测发工艺条件适应性评估,以及已有发射场设施对新的测发任务模式的适应性评估,提升总体设计水平。

数字化推演功能:针对发射场测发任务中关键的、影响安全的操作建立精细的三维辅助训练环境,实现诸如重要接口操作、吊装操作及低温加注操作等的模拟演练,为相关指挥、操作等人员提供模拟真实任务背景及时间约束等条件下的辅助训练手段。

突发事件应急处置仿真分析与评估功能:针对发射场测发任务可能出现的各种故障建立仿真模型,同时结合实际任务数据模拟各种任务条件下的故障三维仿真环境,为相关指挥、操作人员等提供模拟应急突发事件条件下的故障处置分析与训练手段。

三维数字化发射场是实现航天发射场数字化合练与评估验证的重要基础,它提供了相关的资源、数据和支撑工具。

4.2.3 航天发射场数字化试验与数字化合练

1. 航天发射场数字化试验

航天发射场数字化试验是以航天发射试验工程为应用背景,以平行系统理论为指导,以仿真、计算试验、虚拟现实/增强现实(VR/AR)等技术为支撑,通过建立集数字化试验方法、工具、资源以及标准体系等于一体的综合应用支撑环境,满足航天发射试验任务规划论证、工程建设、任务实施、训练与保障等全寿命周期下演示验证、仿真分析、模拟训练、数字化管理等应用方向的需求。

航天发射场数字化试验应与运载火箭、航天器数字化设计与制造工作紧密协作,以实现运载火箭、航天器在设计过程中就能够开展发射场数字化试验,并将相关数字化试验活动贯穿于任务的全过程,能够为航天试验任务各参试系统建立有效协作平台,提升我国航天试验任务的数字化水平。

2. 航天发射场数字化合练

航天发射场数数字化合练是航天发射场数字化试验的重要组成部分,主要是基于三维数字化、虚拟仿真、VR/AR 等技术,构建虚拟的航天发射场和航天发射任务执行环境,能够逼真再现任务场景、推演任务流程、模拟指挥操作、提供信息可视化服务等。

航天发射场数字化合练涉及三维数字化基础环境建设、三维设计分析验证、流程演示验证、火箭系统与活动平台的接口匹配性和操作可达性分析、人员操作模拟训练、信息可视化等方向。数字化合练工作覆盖航天试验任务的不同环节和应用方向,是确保试验任务顺利开展的重要保障,针对不同任务、不同类型应用需求,数字化合练与评估验证将逐步成为发射场试验任务中的例行工作内容。

4.3 体系框架

根据承担的航天发射场工程规划设计、测发总体等职能,提升航天发射场数字化建设和应用水平,可以很好地为航天发射场规划、设计、建设与开展试验任务提供服务,为此,需要从理论、技术、实践等不同层面构建数字化合练与评估验证体系,进而指导开展数字化合练与评估验证工作。数字化合练与评估验证体系框架设计是数字化合练与评估验证体系顶层设计的核心组成部分,是进行系统综合集成的基础。体系框架由应用体系结构、系统体系结构和技术体系结构构成。其中,应用体系结构主要界定数字化合练与评估验证体系应用范畴,划分并描述应用的工程任务需求;系统体系结构提出数字化合练与评估验证体系的应用系统组成,并描述系统间的相互关系;技术体系结构确定数字化合练与评估验证体系的技术框架及实现路线。

4.3.1 应用体系结构

数字化合练与评估验证在航天发射场的应用主要侧重四个方向:发射场数字化设计验证、发射场信息可视化、流程推演与模拟训练和计算仿真与可视化验证评估。第一,发射场数字化设计验证主要为发射场工业设施工程设计验证与优化提供技术保障;第二,发射场信息可视化为发射场各类信息的综合展示与利用提供技术支撑;第三,流程推演与模拟训练主要检验各大参试系统间的接口匹配性,对关键岗位进行模拟训练以及对突发事件进行虚拟应急演练;第四,计算仿真与可视化验证评估是某些代价较高或不具备条件的实物试验的良好补充。

1. 发射场数字化设计验证

发射场三维设计优化验证是以建筑信息模型（BIM）技术在发射场工程设计领域的应用，通过集成各专业的三维数字化模型实现管线综合、设施设备满足任务分析等任务，提升工程设计合理性。

2. 发射场信息可视化

1）发射场仿真基础环境

构建涵盖发射场地理信息环境和发射场产品、地面设施设备模型的三维数字化环境，并提供定位、展示分析发射场场区环境、单体建筑等功能。

2）发射场地面设施设备可视化信息管理

建立地面设施设备的分类、定义及量化评估指标，综合管理历史改造维护信息，同步更新运行状态信息，为任务保障资源优化提供支撑，实现任务期间关键设备动作的平行推演。

3）发射场试验监测信息可视化

日常值班模式下，实现对产品、勤务系统关键技术状态的实时掌握和场区整体环境状况综合态势分析与展示；试验任务阶段，实现对重点关注的产品/勤务状态监测信息、加注等现场综合信息以及指挥控制信息等进行展示分析利用。

4）远程技术保障协同会商 AR 支持

实现针对非标、加注任务现场出现的故障、设备问题，在后方远程保障中心基于 AR 技术为参与会商的技术专家、领导提供决策辅助支持。

3. 流程推演与模拟训练

1）发射场测发流程仿真与系统接口评估验证

实现产品吊装工艺仿真与评估、厂房测试条件适应性评估、箭塔接口协调和测发工艺全流程推演等功能，提前发现系统间可能存在的接口不匹配、不协调的问题，提升任务执行的可靠性。

2）工程岗位操作模拟训练

以虚拟仿真、虚拟现实等技术为支撑，通过建立具备高逼真度、自然交互机制以及深度沉浸感的三维虚拟仿真场景，针对加注岗位、工作平台典型操作岗位等开展基于 VR 技术的模拟训练。

3）工程应急处置模拟仿真

主要为任务实施过程中的指挥、操作等岗位人员提供应急突发事件模拟推演,包含不同应急突发事件下的应急预案处置流程模拟推演和应急处置岗位操作模拟演练。

4. 计算仿真与可视化验证评估

1）运载火箭运输吊装动力学仿真

构建具有数学模型和物理学特征的高逼真度、实时性强的运输和吊装过程动力学仿真引擎,验证并优化运输和吊装流程的操作和控制方案,为确保任务的安全高效开展提供科学依据。

2）多星危险性仿真评估

实现室内爆炸超压和结构破坏效果模拟、室外爆炸安全距离分析和室内污染物扩散覆盖区域模拟,并提供辅助评估和论证功能,为工程总体进行建筑防爆、防泄漏设计及优化提供技术支撑。

4.3.2 系统体系结构

1. 平台组成

采用可扩展的"基础平台+应用系统"的系统架构模式如图4-1所示。

基础平台是核心,可以在其基础上适当扩展,结合相关工具研制各类应用系统。基础平台建设遵循一定的质量标准,实施平台集成控制,并提供平台运行所需的硬件环境、综合资源和功能服务。根据平台应用体系描述,应用系统包含发射场三维设计优化验证在内的10个应用系统。平台应用系统间相互关系以及平台对外关系如图4-2所示。

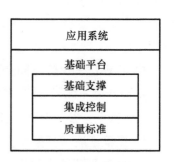

图4-1 数字化合练与评估验证平台组成

2. 外部接口关系

外部接口关系包括与发射场地面设施设备综合保障系统、发射场测发指挥监控系统、测发远程技术支持系统以及产品部门之间的接口关系。

（1）与发射场测发指挥监控系统、测发远程技术支持系统接口。实时获取

第4章 航天发射场数字化合练与评估验证

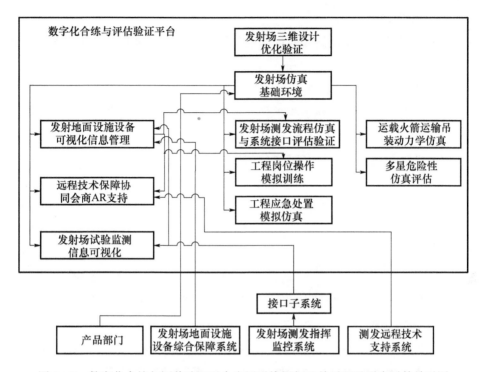

图4-2 数字化合练与评估验证平台应用系统间相互关系以及平台对外关系图

火箭、卫星系统测试信息、地勤系统监测信息、时统信息、气象信息、视频监视信息、指挥决策信息、发射场指挥中心传送的飞行试验综合信息以及环境监测。

（2）发射场地面设施设备综合保障系统接口。通过网络传输或离线导入的方式获取地面设施设备基础资料相关的设计图纸、设计方案、技术资料；设施设备健康监测相关的设施结构健康监测数据、塔勤系统状态监测数据、环境监测数据、加注供气监测数据、供配电监测数据、通风空调监测数据、给排水消防监测数据、地震监测数据；设施设备健康评估相关的故障模式仿真数据，关键设备的故障诊断和预测数据，全系统的可靠性、安全性和全系统完好性的动态评估数据，以及综合维修保障方案、勤务系统维护效能评估、勤务系统维修备件配置优化数据；环境对设备影响监测与评估数据。

（3）与产品部门的模型接口。需要离线获取产品部门设计的火箭、航天器、发射台等三维数字化样机模型，并按统一的中间格式进行转换、简化和优化处理后导入模型。

3. 内部接口关系

(1) 发射场三维设计优化验证与发射场仿真基础环境接口。前者为后者提供建筑、结构、设备、机械、自控和通信专业的 BIM 模型数据,后者对数据按统一的中间格式进行转换、简化和优化处理后导入。

(2) 发射场仿真基础环境与平台其他应用系统接口。前者为后者提供涵盖发射场场区环境、地面设施设备、产品、工装的三维数字化基础仿真环境。

(3) 发射场地面设施设备可视化信息管理与远程技术保障协同会商 AR 支持、发射场测发流程仿真与系统接口评估验证接口。前者为后者提供地面设施设备状态管理信息,包括模型数据信息、设备属性信息、设备故障信息以及设备历史参数信息。

4.3.3 技术体系结构

数字化合练与评估验证技术体系是以航天发射试验工程为应用背景,以"平行系统理论"和"相似理论"为指导,以"系统仿真技术""VR/AR 技术""数据可视化技术""BIM 技术""GIS 技术"和"数值模拟技术"为支撑,收集整理发射任务所需的地面保障诸类要素构建"模型体系"与"数据体系",在遵循"准确识别试验需求、合理组织试验资源、逼真再现试验场景与试验内容、科学分析试验结果"原则前提下,应用"航天发射场数字化合练与评估验证方法体系"开展以三维数字化为主要特征的航天发射任务平行试验,并按照"评价指标与方法"展示保障条件技术指标量化信息和产品信息等任务相关信息,实现对测发任务全流程演练的试验结果进行分析评估,满足航天发射试验任务规划论证、工程建设、任务实施、训练与保障等全寿命周期下的四个方面应用需求,如图 4-3 所示。

1. 理论支撑

针对平行系统的定义,具体到航天发射场试验任务上,其中的实际系统代表航天发射场试验任务所涉及的各大参试系统、相关人员及主要试验活动;而人工系统则是指由计算机模拟生成的试验任务执行环境、任务流程以及相关任务活动。这里,首先是试验任务中的确定性活动,如产品组装流程、人员操作分析以及机械接口匹配验证等,相对于平行系统的复杂系统,是它的一种简化特例,更容易在平行系统框架下实现和验证。

第4章 航天发射场数字化合练与评估验证

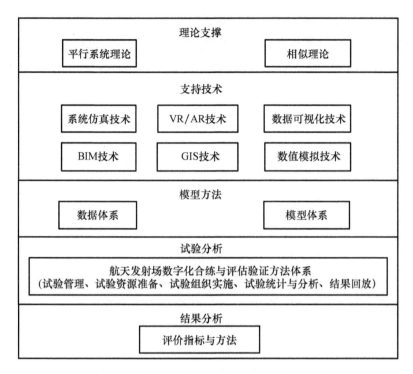

图4-3 数字化合练与评估验证平台技术架构

针对平行系统的三个主要过程：试验与评估、学习与培训、管理与控制，在航天发射场试验任务应用中，结合航天发射场数字化合练，具体说明如下。

1）试验与评估

通过构建航天发射场数字化合练系统，以各大参试系统为建模对象，基于各种实际任务数据，可以模拟推演试验任务的物理流程、操作活动等，并对不同任务、不同流程进行分析评估，用以辅助人员指挥决策。

2）学习和培训

作为航天发射场试验任务活动的人工系统，数字化合练环境能够为任务参试人员提供虚拟培训工具，实现逼真的场景式学习培训。同时，数字化合练系统与实际任务可以相互补充，实际任务中发现的问题可以直接通过数字化合练系统进行复现，数字化合练系统的模型也可以通过真实任务进行完善、校正。

3）管理与控制

航天发射场数字化合练系统可以在任务不同阶段对试验流程、关键操作等提供决策依据,能够为新的任务提供基于仿真的解决方案。在数字化合练系统中,考虑到应用对象属于复杂性系统中的简单特例,即确定性行为为主体的人工模拟。因此,人工系统与实际系统间的反馈重点体现在将新的任务、新的事件扩展到原有系统中,系统中复杂、不确定性的因素较少考虑。

2. 支持技术

1）系统仿真与数字化合练

系统仿真是航天发射场数字化合练的关键支撑技术,数字化合练所需的相关软件工具和试验方法等与系统仿真技术紧密关联。

2）系统仿真应用于数字化合练

在航天发射场数字化合练中应用系统仿真技术,需要完成三个方面的工作。

（1）分析试验任务的组成要素,确定数字化合练的应用内容。在三维数字化的空间下开展试验,需要明确试验的对象、内容,即确定仿真对象。

（2）建立数字化合练仿真模型体系,研制相关仿真应用工具。针对数字化合练的具体对象、内容,采用多种建模方法构建航天发射场数字化合练模型体系,并基于开源平台、自主可控技术等研制仿真应用系统和相关工具。

（3）针对不同应用环节,选择合适仿真工具开展数字化合练。依据数字化合练的目的和要求,在不同应用方向上选择合适的数字化合练仿真应用工具,并针对合练内容开展仿真推演、模型验证等工作。

3. 模型方法

1）数据体系

收集整理发射任务所需的地面保障诸类要素,将发射场试验任务保障要素划分为地面设施、设备、工装、人员等基础资源,并在上述大类定义的基础上进行细分,定义关注的相关重点数据信息。建立发射场各系统、各专业设施设备信息库。

（1）设施基本情况介绍、任务执行情况、适应型号分析、组成及平面布局和图档资料（技术手册、图纸）等基础信息以及发射塔架、重点技术厂房各项尺寸参数、性能指标、限制区域、设备接口等基础信息。

（2）非标、供配电、加注供气、通信、暖通、消防、自控、环境检测、监测、测发指挥监控等各系统设备关键属性信息,产品、工装接口及技术要求信息、人员岗位信息。

（3）测发指挥监控实时传输信息,三维加注实时显示,视频监控信息,物联网监测信息。

2）模型体系

模型体系包括各类三维模型、计算模型、流程模型等。结合使用 Revit 三维设计技术与仿真技术，完成发射场单体的三维建模，根据施工图完成各单体建筑中结构、加注供气、非标等多专业设备、航天器及运载器、各类人员和工装的三维建模，建成与实际发射场 1∶1 比例的数字化发射场，形成丰富完善、直观准确的三维数字化发射场资源库；发射场环境模型、发射场设施设备模型、火箭与卫星产品模型、地面工装模型、复杂问题仿真所需的各种计算仿真模型。

（1）设施建模。

发射区以塔架、加注设施、瞄准间等作为重点建模对象。技术区以总装测试厂房、水平转载测试厂房、加注扣罩厂房等作为重点建模对象。在航天器和运载器的塔架操作空间、技术厂房的操作大厅、转载间、加注间和其他工作用房完成动平衡区域等不可载重区域、照明等凸出物体、操作环境、吊车可达区域以及测试间等区域和障碍物的细节建模。

（2）设备建模。

非标设备：行吊、塔吊、塔架平台、垂直总装厂房大门、电缆摆杆、活动发射台、铁轨等；

供电设备：配电箱、插座箱、不间断电源（UPS）电源、接地端子、电缆沟（墙面及地面开口）等；

消防设备：消防管路、消防环等喷水装置；

加注设备：加注管理、加注口、各类阀门、储罐、泵、仪表、电缆沟、硬管连接口等；

自控设备：工控机、可编程控制器、控制台/箱/柜、PLC、投影仪、控制网络、电缆等；

通信设备：光纤射频（RF）转发设备、光纤口、网口、电话口等；

气体监测设备：工控机、报警控制器、气体监测探头等；

测发指挥监控设备：监测终端、接口计算机、交换机、服务器、投影机、切换矩阵、LED屏、工作台等。

（3）产品建模。

产品：航天器、运载器、操作口、工装设备、运输设备、活动发射平台模型等，火箭产品包括组合体模型(各级、助推、整流罩等组合在一起)、各组件模型、各类加泄装置模型(外部凸起物)、火箭开口模型及对应信息(以配置文件存在,用户可编辑)。

(4) 人员建模。

人员:各类人员,实现人员不同操作的骨骼建模;

各类工装模型,含人物(基本操作动作:蹲、站、趴、手臂动作)、工作梯、踏板等。

(5) 计算模型。

计算模型由各类基础算法和评估算法组成,能够为用户实现各种分析评估功能提供核心算法支持。

(6) 流程模型。

实现典型流程模型积累,在流程模型中可选择任务典型流程,实现基础流程的载入、修改及配置,为快速定制流程,形成合练及任务保障能力提供模型支撑。

4. 试验分析

传统的航天发射试验工程经过几十年的发展,已经形成一套完备的试验方法体系,对试验内容、试验过程、试验组织指挥、试验岗位与职责等有着严格、苛刻的要求,需要依照程序、规则、质量、标准等开展各项试验活动。

(1) 试验方法体系组成。

航天发射场数字化合练是一种全新的试验模式,它既不是对真实试验任务的简单重复,也不是部分替代,而是一种依据三维数字化技术构建航天发射任务平行试验系统,并与真实试验任务互为补充、协同演化的共生关系。因此,这也决定了与传统的航天发射试验任务不同,数字化合练需要采取全新的试验方法,遵循的主要原则是"准确识别试验需求、合理组织试验资源、逼真再现试验场景与试验内容、科学分析试验结果"。具体而言,航天发射场数字化合练的试验方法体系作为航天发射场试验活动的重要组成部分,应建立科学的试验方法,确保试验内容合理、过程可控、结果可行。依据一般试验任务的要求,同时考虑数字化合练的自身特点,建立"以闭环反馈验证为基础、输入输出关系明确、试验流程可组构、试验手段灵活多样"的试验方法体系。

(2) 试验管理。

航天发射场数字化合练是在虚拟的三维空间内开展与航天试验任务相关的

数字化试验,主要是借助于三维数字化仿真工具进行虚拟推演、分析验证、模拟演练等。试验管理工作包括对试验目标、试验内容、试验资源、试验结果等的全要素管理,同时能够实现数字化合练各组成要素的有机关联,建立覆盖试验全过程、全要素的管理体制,满足试验资源持续积累、复用、迭代发展的要求。

(3) 试验资源准备。

确立试验目标后,需要准备试验所需的各类资源,根据航天发射场数字化合练的任务要求,主要试验资源要素包括:

试验内容。根据试验目标确定数字化合练的具体内容,主要包括试验对象、试验方案、试验条件、试验评价指标等,基于这些试验内容建立逻辑清晰、内容完备的试验指导依据。

试验数据。主要指开展数字化合练所需的相关基础数据、输入数据等,如发射场设施设备、火箭、航天器等的三维数字化模型、试验任务流程、试验初始条件数据、试验评价指标等。

试验工具。主要指为完成数字化合练所需的相关仿真应用工具,如测发流程推演仿真应用、接口协调仿真应用、基于VR技术的辅助训练仿真应用、任务流程三维数字化实时显示仿真应用等,应依据不同的试验内容来选择相应的数字化合练工具。

(4) 试验组织实施。

资源准备完毕后,根据试验内容要求开展航天发射场数字化合练与评估验证工作。考虑不同的试验内容,试验组织实施应采取对应的实施策略,具体如下。

前期论证阶段的演示验证数字化合练。主要是为参试各系统提供任务流程演示、接口匹配性验证等支持,具体组织实施上以发射场系统数字化工作部门为牵头单位,集成火箭、航天器等其他系统三维数字化成果,依托相关仿真应用工具,实现任务流程的演示验证。

发射场设计改造与产品设计研制阶段的数字化合练。其中,发射场设计改造任务数字化试验工作由发射场系统组织实施,依托三维设计分析验证仿真工具,为设计工作提供管线综合、多专业设计优化等支持;火箭、航天器等产品设计研制数字化合练工作则由产品部门负责,依托三维数字化工具开展数字化装配、数字化设计优化等。

航天发射任务实施前的流程推演数字化合练。由发射场系统数字化部门组织实施，依托任务虚拟推演仿真工具，集成参试各方的数字化产品，以具体任务实施流程为指导，完成试验任务的仿真推演，验证任务流程的合理性、可行性。

任务执行过程或相关试验分析的三维可视化信息服务。此项工作与真实试验任务同步展开，通过提供发射任务三维实时可视化显示仿真应用等工具，针对任务执行过程中的测试、发射流程下的关键环节、关键对象等提供有效的三维可视化信息显示，为参试指挥人员提供直观、全面的任务信息展示服务。同时，针对发射场其他试验分析仿真工具，如危险性评估、电磁辐射分析等数字化试验任务，提供三维可视化成果展示等服务功能。

面向人员辅助训练的数字化合练。主要是依托岗位操作、指挥训练等虚拟仿真工具，包括基于 VR/AR 的仿真应用工具，为发射场相关岗位操作人员、指挥人员等提供岗位技能、组织指挥等方面的辅助训练。

（5）试验数据统计与分析。在数字化合练任务的组织实施过程中，根据试验目的、试验分析等要求记录试验过程中产生的各类数据信息，便于实时或事后进行分析。

需要记录的试验数据内容包括：

任务流程数据。重点针对航天发射试验任务流程虚拟仿真推演等数字化合练工作，记录其中表征流程环节、流程顺序、流程状态等信息的数据内容。

系统间接口协调类数据。针对三维数字化合练仿真应用等工具，记录各大系统间的数字化协调过程数据，如操作平台高度信息、吊车控制距离信息、仪器设备安装用工装尺寸信息、人员操作范围信息等。

受训人员交互控制过程数据。针对模拟训练类仿真应用试验，针对受训人员使用仿真系统过程中的各种交互记录相关数据，真实反映受训人员的训练过程、训练能力和各种操作细节。

信息可视化服务中的各种驱动数据。针对航天发射试验任务三维实时显示、发射场专业试验仿真分析类工具的应用需求，记录任务过程中驱动可视化场景的任务监测数据，以及各类专业试验仿真分析应用工具产生的各种计算结果的可视化显示驱动数据。

（6）试验结果回放。完成航天发射场数字化合练任务后，依据记录的试验数据,用户可以根据需求随时浏览并借助三维可视化场景对试验结果进行回放,满足试验成果可视化展示的需求。具体的回放模式根据试验内容来确定,主要的方式是在开展数字化合练采用的仿真工具中,研制试验结果回放功能,并能够基于试验过程中记录的数据进行回放。

5. 结果分析

基于仿真技术开展数字化合练任务相关工作,从实际价值、技术可行性、实现难度等角度综合考虑数字化合练任务的主要内容,并依据任务流程、主要操作、参与人员、设施设备、工装与产品等要素制定数字化协调的规范化内容,作为系统的输入条件。

1) 发射场资源分类及量化指标技术

依据发射场试验任务中航天器进场、测试、加注、扣罩、转场,运载器进场、单元测试、转场、总检查测试、加注、发射等测发流程阶段进行任务资源划分。同时,借鉴试验装备管理中的已有基础,探索试验任务下发射场主要保障资源的分类体系,梳理保障资源在任务中的功能定位以及不同保障资源间的关联关系,重点分析多任务条件下航天发射任务计划受产品研制、技术状态、人员配备、发射场地面设施设备保障能力、推进剂与特燃气体保障能力等多种要素的影响下,发射场资源共用、计划并行的资源保障重点和难点,建立满足发射场多任务条件下资源优化的分类体系、量化准则,为后续工作提供基础数据。

2) 发射场资源优化及评估技术

基于试验任务条件下发射场资源的分类和量化准则,分析高密度发射任务下发射场地面设施设备保障工作的影响要素,高密度发射保障任务的剖面和资源需求,分析技术厂房、各系统设备、产品及相应工装等保障资源的分配策略;在此基础上,以实际任务为背景,以航天器多任务条件下的技术区保障资源优化配置为目标,制定合理高效的并行工艺流程及保障方案,明确任务以及工艺流程间逻辑关系和接口要求,具体化各种保障条件,在此基础上设计出安全高效的联合操作程序。

深入开展保障资源满足度评估分析,在充分优化分配发射场资源的基础上,围绕多任务保障能力评价因素,开展资源优化评估,能够基于评估结果,提出发射场设施设备的适应性改造、维护、购置等建议,应用信息技术提高今后发射场适应性改扩建工作中科学决策的定量化水平。

4.4 基础平台

4.4.1 逻辑架构

如图4-4所示,逻辑架构分为应用层、支撑层和基础层。

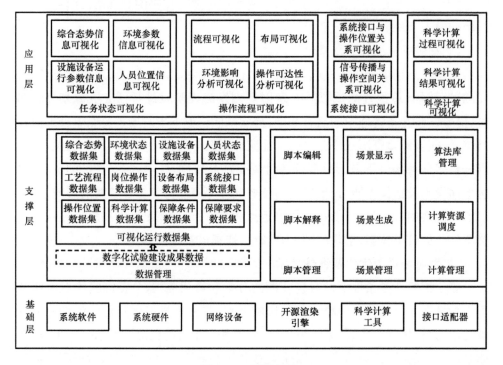

图4-4 逻辑架构

应用层包括任务状态可视化、操作流程可视化、系统接口可视化和科学计算可视化。任务状态可视化是为了确认任务状态的安全性,包括综合态势信息可视化、环境参数信息可视化、设施设备运行参数信息可视化和人员位置信息可视化等。操作流程可视化是为了验证操作人员的工作流程、关键操作、时空关系的合理性,包括流程可视化、布局可视化、环境影响分析可视化和操作可达性分析可视化等。系统接口可视化是为了验证各系统间接口的匹配性,包括系统接口与操作位置关系可视化、信号传播与操作空间关系可视化等。科学计算可视化是为了增强科学计算过程的可操作性和结论的可解释性，包括科学计算过程可视化、科学计算结果可视化等。

支撑层包括数据管理、脚本管理、场景管理和计算管理等。数据管理主要根据数字化试验建设成果数据整合生成可视化运行的数据集，包括综合态势、环境状态、设施设备、人员状态、工艺流程、岗位操作、设备布局、系统接口、操作位置、科学计算、保障条件、保障要求等数据集。脚本管理主要快速编辑生成并自动解释执行可视化运行的脚本文件，包括脚本编辑、脚本解释等。场景管理主要生成可视化运行的二维、三维仿真基础环境，包括场景显示、场景生成等。计算管理主要集成、调度可视化运行的计算资源，包括算法库管理、计算资源调度等。

基础层包括系统软件、系统硬件、网络设备、开源渲染引擎、科学计算工具和接口适配器等。

4.4.2 技术架构

如图4-5所示，技术架构划分为数据层、业务层和显示层。数据层包括统一数据加载、数据预处理、协议解析、数据整编处理等功能，业务层包括脚本编辑、脚本解释、算法库管理、计算资源调度和场景生成等功能，显示层包括场景显示等功能。不同功能模块之间采用消息队列的形式进行交互。

对于接口服务器实时推送的数据包，按照数据解析脚本进行网络协议解析，并按照测点脚本进行格式转换、内容筛选和清洗去重等预处理操作，得到符合可视化要求的实时数据。对于数字化试验建设成果数据，按照元数据映射规则进行整编处理，得到符合可视化要求的数据集。统一数据加载提供实时数据、数据集的统一访问接口。

脚本编辑提供想定编辑环境，实现数据测点、数据解析、元数据映射、语义关联和可视化流程等脚本的编辑功能。脚本解释主要解析可视化流程脚本，并将脚本指令分别发送给场景生成、计算资源调度和统一数据加载，用于构建可视化基础环境、调用计算资源开展实时计算和按需获取数据资源。场景生成在可视化基础环境下按照语义关联脚本集成计算结果、实时数据和数据集，生成可供场景显示调用的可视化场景。

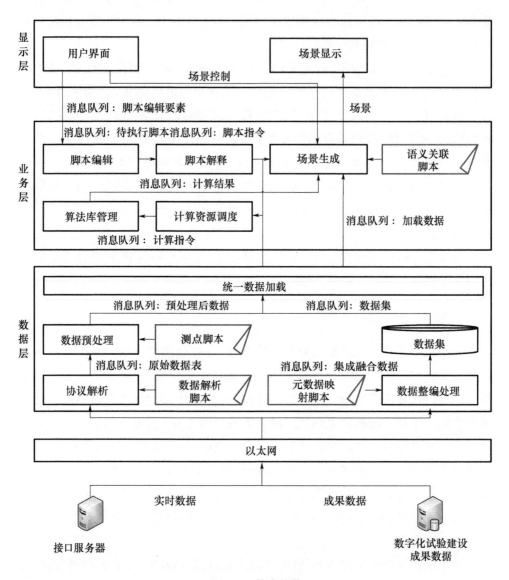

图 4-5 技术架构

如图 4-6 所示,所有功能模块均采用线程设计,主线程通过统一框架集成调用场景管理、脚本管理、计算管理和数据管理相关线程,实现交互控制、实时显示、资源调度和综合集成等。

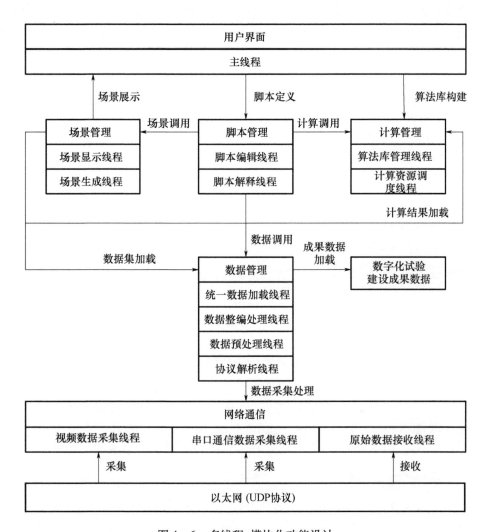

图4-6 多线程、模块化功能设计

4.4.3 关键技术

1. 基于脚本的流程可视化技术

如图4-7所示,基于脚本的流程可视化技术支持人机交互的方式分步骤定义流程,流程指令通常包含可视化方式、时间、对象、参数等要素信息,支持可视化编辑和程序代码映射。通常,流程通过拖拉组件方式进行创建,通过参数配置界面进行实例化,并通过连线方式确定执行顺序,最后由流程编辑输出流程脚本。

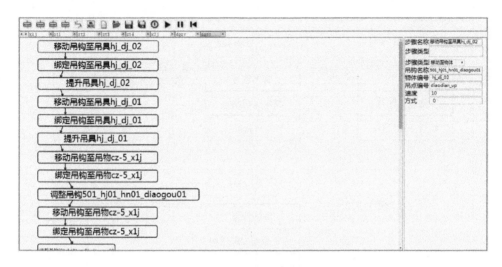

图4-7 流程脚本编辑界面

如图4-8所示,脚本解析对流程脚本进行分解得到可视化对象集合—模型队列和可视化操作集合—指令列表。指令执行主要集中控制可视化进程,并分发模型驱动指令、场景生成指令和实时计算指令给相应功能模块协同完成流程可视化操作。

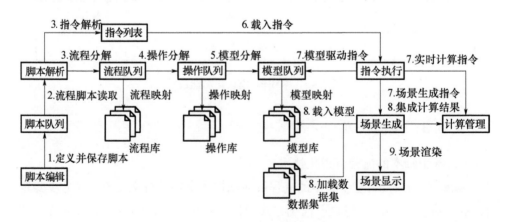

图4-8 流程脚本解释过程

2. 模型数据关联映射

如图 4-9 所示,仿真建模除了需要建立模型内部结构、明确模型运动方式、活动值域以及物理系统连接关系外,还需要实现三维实体模型与真实属性数据间的关联映射。

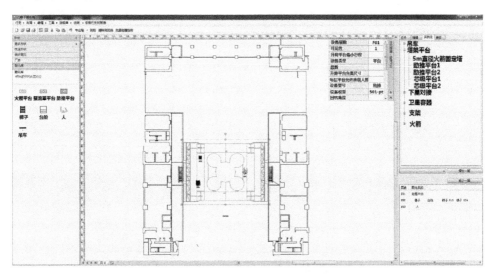

图 4-9 模型数据映射界面

如图 4-10 所示,模型数据关联映射主要包括建立场景基础布局、增加模型图元、实例化模型图元、增加信息图元、实例化信息图元、语义关联脚本文件输出等过程。

4.4.4 软硬件环境

1. 软件环境

软件环境支撑开展开发、测试、运行、维护和集成,其结构如图 4-11 所示,大致分为基础软件环境、支撑软件环境和平台开发与测试。基础软件环境由操作系统、数据库管理、安全管理和网络支撑软件构成。如表 4-1 所列,支撑软件环境由渲染引擎、建模工具、动力学引擎、计算引擎、流体力学引擎和仿真工具构成。根据平台应用体系描述,可将支撑软件环境划分为四大类:数字化协同设计类、流程推演与模拟训练类、信息可视化类和仿真试验验证类。

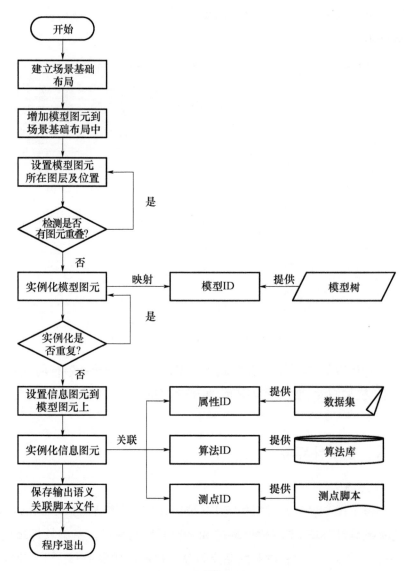

图 4-10 模型数据关联映射过程

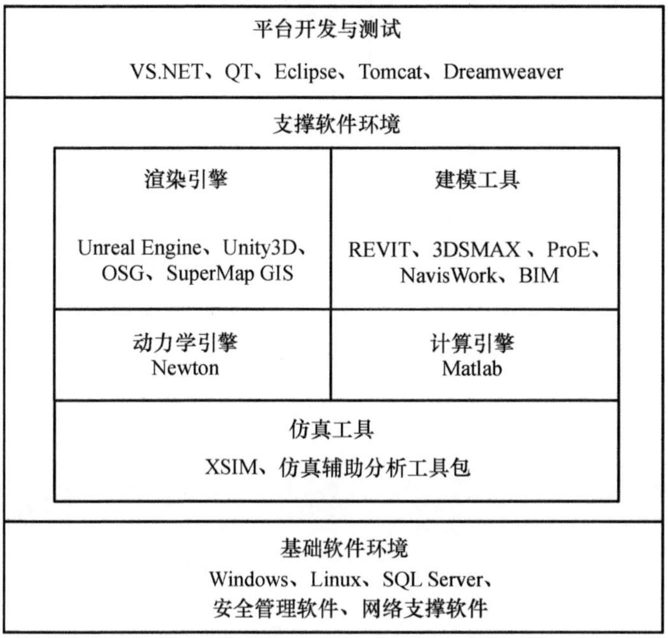

第4章 航天发射场数字化合练与评估验证

```
┌─────────────────────────────────────────────┐
│              平台开发与测试                  │
│   VS.NET、QT、Eclipse、Tomcat、Dreamweaver   │
│  ┌───────────────────────────────────────┐  │
│  │            支撑软件环境               │  │
│  │  ┌─────────────────┬───────────────┐  │  │
│  │  │    渲染引擎     │   建模工具    │  │  │
│  │  │ Unreal Engine、 │ REVIT、3DSMAX │  │  │
│  │  │ Unity3D、OSG、  │ 、ProE、      │  │  │
│  │  │ SuperMap GIS    │ NavisWork、BIM│  │  │
│  │  ├─────────────────┼───────────────┤  │  │
│  │  │   动力学引擎    │   计算引擎    │  │  │
│  │  │     Newton      │    Matlab     │  │  │
│  │  ├─────────────────┴───────────────┤  │  │
│  │  │            仿真工具             │  │  │
│  │  │    XSIM、仿真辅助分析工具包     │  │  │
│  │  └─────────────────────────────────┘  │  │
│  └───────────────────────────────────────┘  │
│              基础软件环境                    │
│   Windows、Linux、SQL Server、               │
│   安全管理软件、网络支撑软件                 │
└─────────────────────────────────────────────┘
```

图 4-11 基础平台软件体系构成

表 4-1 基础平台支撑软件环境组成

支撑软件	REVIT、3DSMAX、Pro/E、NavisWork、BIM	AutoCAD、3DSMAX、Newton、Matlab、Quest3D、OSG	3DSMAX、OSG、SuperMap GIS	Unity3D、OSG、XSIM、Unreal Engine、仿真辅助分析工具包
	数字化协同设计类	仿真试验验证类	信息可视化类	流程推演与模拟训练类

平台开发与测试主要由通用软件开发平台构成,如界面设计类软件 QT、集成开发软件 VS.NET、Eclipse、Tomcat 和页面设计类软件 Dreamweaver。

2. 硬件环境

在考虑软件应用环境独立使用与协同工作的基础上,构建如下的硬件基础环境,如图 4-12 所示,主要由云平台环境、个人终端、图形工作站、仿真服务器、VR 设备、AR 设备等构成。

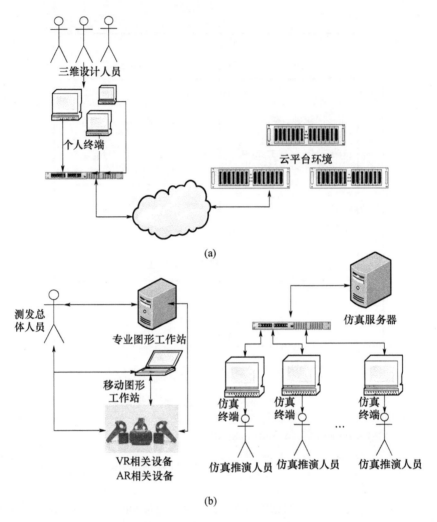

图 4-12 基础平台硬件体系构成

4.4.5 技术标准规范

1. 三维建模标准

三维模型分为地形、设施、设备三大类,三维模型是数字化合练与评估验证为发射场规划、建设、运营实施、维护管理和三维数字化建设提供技术服务的基础,是数字化建设和发射场信息化的基础性工作。发射场三维模型数据是数字化合练与评估验证建设与使用的重要基础资料。为了建设数字化合练与评估验证,规范三维模型的制作,统一三维模型制作的技术要求,及时、准确地为方案论证、设计实施、任务执行和适应性改造提供发射场环境和设施设备的三维模型数据,确保模型的准确性、可用性、可维护性、可扩展性,特制定三维模型建模标准。对模型命名规则、坐标系统设置、模型结构搭建、纹理贴图坐标(UV)展开、模型复杂度设置、材质设置、贴图制作及使用、渲染制定了详细的制作和管理规范。并从模型数据、场景效果、属性数据和文件资料四个方面制定了检查、验收、复合规范和标准。

2. 流程编辑标准

在进行试验任务流程推演、验证和辅助决策之前,需要进行流程编制,试验任务流程仿真分析的输入和约束条件是系统间接口控制文件。

从接口控制文件中梳理出该次试验任务中需要仿真分析的内容、测发工艺流程,这些是试验任务仿真的输入条件。已有的典型流程按卫星数量分为一箭一星和一箭多星,按上塔方式分有整体吊装和分体吊装;仿真分析的重点分为航天器准备、火箭准备、发射场准备、技术区联合操作、转场、发射区联合操作。标准规定根据数字化合练与评估验证提供的二维、三维布局工具输入流程序列和节点状态的约束条件、编辑规范、序列标定规则。为数字化合练工作的展开提供统一数据输入模式,为试验任务数字化开展奠定基础,提高数据积累和重用效率。

3. 流程推演标准

根据十几年的数字化试验任务开展,我们积累了丰富的流程推演经验。在数字化合练与评估验证的建设过程中根据流程推演的步骤对流程序列、每个步骤前置条件的设定、每个步骤的推演标准、关键环节的判定标准进行了规定。试验任务流程推演验证标准的制定提高了试验任务仿真推演的效率,确保了关键环节的仿真评估能力。试验任务流程推演验证标准的制定涵盖了产品抵达发射场至发射全过程,根据系统划分如下。

1) 火箭

产品进场运输;运载火箭总装、测试;运载火箭与卫星对接及联合检查;组合体垂直转运;运载火箭加注与点火发射。

2) 卫星

产品进场运输;卫星总装、测试;卫星加注、合整流罩;星罩组合体垂直转运、与运载火箭对接;卫星在发射区的检查测试。

试验任务流程推演的标准化也为试验任务验证结果的输出奠定了基础。

4. 验证输出标准

试验任务仿真推演比选完毕后,在得到各行业专家对流程的评定认可后,数字化合练系统要提交试验任务仿真软件和试验任务仿真分析报告。试验任务验证结果输出标准对这两者的提交输出做出了标准化要求,其中试验任务仿真软件基于试验任务流程推演标准和试验任务流程编辑标准,输出时规范了关键步骤提示信息的显示时机、内容和范围(在仿真推演过程中这些显示属性都是可控的。但是,输出目标是供非仿真专业人员使用,且此时流程推演、比选已结束,形成最终流程方案,显示目的是为准确表达仿真结果和操作注意事项,因此关闭不必要的功能,约束输入内容,将仿真结果的演示进行标准化)。试验任务分析报告则通过文本的方式描述仿真结果,提供流程介绍,显示关键节点布局图,为测发总体制定发射场操作流程提供理论依据和内容。试验任务验证结果输出标准对此规范了文档输出格式、内容和布局图覆盖范围和显示信息。

4.5 应用系统

4.5.1 发射场三维设计优化验证系统

1. 系统功能

建立发射场三维设计优化验证标准,制定不同专业、不同对象以及不同范围的应用标准、规范,确定相应的数据接口标准和格式,满足数据的传递和共享。建立经济实用、可持续发展、可统一管理维护的硬件环境架构。

2. 工作流程

本系统将精确检测管线硬冲突、软冲突和净空冲突,完成各专业设计的管线综合工作。本系统的输出碰撞检查报告验证设计的合理性,反馈给设计人员进行修改,并生成二维施工图纸和适用于仿真和 GIS 应用的三维模型,如图 4 - 13 所示。

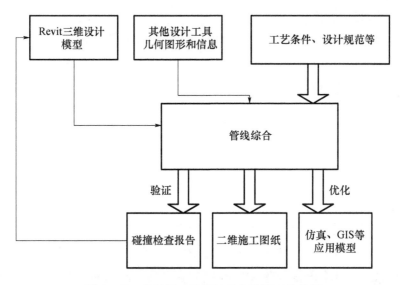

图 4-13 发射场三维设计优化验证工作流程

4.5.2 远程技术保障协同会商 AR 支持系统

1. 系统功能

1）发射场实时展示

本模块主要借助 AR 技术,实现在 AR 设备端及个人计算机(PC)客户端展现设备实时状态。通过实时运行数据接入,实现三维模型状态与现场状态实时对比,现场状态实时展示。在 PC 环境中能够实现设备状态查询、资料数据调取、记录信息读写等功能,实现设备的信息化展示、查询、编辑。在 AR 设备端实现设备增强现实状态显示、属性数据查询、视频信息调取等功能。

2）虚拟发射场体验

用户通过创建自己的虚拟发射场获得自己的虚拟现实显示环境,该用户可在该环境下进行设备参数修改、调整等虚拟操作。同时,用户可邀请他人参与,共享本人的虚拟显示环境进行研讨。同一时间段,系统只允许一人进行参数的调校操作,用户间可进行操作权限的申请、让渡。

3）专家远程会商

本模块分为发射场现场功能、后台支持功能。发射场现场功能主要运行于眼镜终端,后台支持功能主要运行在 PC 客户端和 AR 设备端。

4）现场实时诊断

通过接入现场监控摄像头流媒体数据,将实时图像显示于 AR 画面上;然后,通过外部接口获取实时数据更新三维模型中各组件的状态;在 AR 眼镜中将以上两者的图像进行对比显示,辅助用户判断两者是否一致。

5）基础信息管理

本模块主要维护允许接入的 AR 设备、系统使用人员信息。

2. 系统设计

系统架构划分为三层,由展现层、应用层和数据层构成。

1）展现层

采用通用应用平台(UWP)实现后台管理控制功能,使用丰富的自有控件及第三方控件,结合用户界面框架(WPF)技术能够美观快速地展现用户界面。利用 Unity3D 及 C 脚本语言实现 AR 设备、后台管理控制端的三维显示及控制。

2）应用层

为展现层的各种业务动作提供业务逻辑处理,并连接和使用底层数据库;并且通过对流媒体的处理,实现实时视频共享等功能。

3）数据层

实现业务数据的存储。对该数据库仅进行读取权限。设施设备属性信息一次性在初始化读入,设备状态的更新数据实时读取。

4.5.3 发射场测发流程仿真与系统接口评估验证系统

1. 系统功能

1）产品吊装工艺仿真与评估功能

整体吊装模式下,卫星在测试厂房内的吊装工艺仿真,涉及单星扣罩、双星吊装、多星吊装;分体吊装模式下,卫星在塔架封闭空间内的吊装工艺仿真;火箭在塔架的垂直吊装工艺仿真;产品吊装工艺的整体流程仿真演示。

2）厂房测试条件适应性评估功能

卫星测试厂房供电系统测试条件适应性评估;卫星测试厂房空调系统测试条件适应性评估;卫星测试厂房产品及工装设备停放与布局方案评估。

3）箭塔接口协调功能

摆杆操作与接口协调评估;平台满足操作要求的适应性条件评估;平台各类

管路敷设的接口协调。

4) 测发工艺全流程演示

卫星进场后至发射前的测发工艺全流程仿真演示;火箭进场后至发射前的测发工艺全流程仿真演示。

5) 系统基础功能

产品吊装工艺编辑功能,为卫星、火箭的吊装工艺流程提供辅助生成环境,满足用户完成不同吊装模式下工艺流程仿真的需求;产品吊装工艺演示验证功能,系统能够对设计完成的吊装工艺进行回放,同时对关键环节、关键步骤进行评估与验证;设施设备信息查询功能,系统提供测发设施设备的信息数据库,为用户提供各种查询功能,便于实现测试条件的适应性评估;场景漫游与人机交互功能,完成在三维场景的漫游控制,建立符合用户使用习惯的人机交互控制功能。

2. 系统设计

在满足各项应用需求的前提下,考虑将整个软件系统划分成三大组成部分,分别是仿真资源库、仿真与虚拟推演平台和仿真结果分析与评估工具,如图4-14所示。

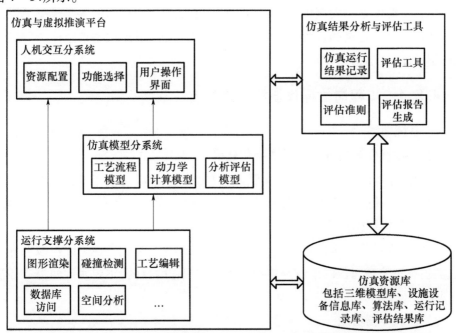

图4-14 发射场测发流程仿真与系统接口评估验证系统组成

1）仿真与虚拟推演平台

仿真与虚拟推演平台是实现本系统流程仿真和虚拟推演功能的应用平台，是用户完成测发全流程数字化仿真推演的主要软件，该平台由三个分系统组成，分别是人机交互分系统、仿真模型分系统和运行支撑分系统。

人机交互分系统面向用户提供直观、易用的人机交互手段，该分系统重点实现三个方面的功能，即资源配置、功能选择、用户操作界面。

仿真模型分系统是支撑测发流程与系统接口评估验证系统完成各类仿真任务的运行支持模型，包括工艺流程模型、动力学计算模型和分析评估模型。

运行支撑分系统是实现测发流程与系统接口评估验证系统各项功能的底层基础设施，包括图形渲染、碰撞检测、工艺编辑、数据库访问、空间分析等模块。

2）仿真结果分析与评估工具

仿真结果分析与评估工具是基于测发流程和系统接口评估验证系统的运行结果，并依据相关协调需求，建立相应的分析与评估工具，包括仿真运行结果记录、评估准则、评估工具以及评估报告生成等部分。

3）仿真资源库

仿真资源库是测发流程与系统接口评估验证系统中所需的各类模型、数据、算法和仿真过程记录的资源数据库，包括三维模型库、设施设备信息库、算法库、运行记录库、评估结果库等。

4.5.4　工程岗位操作模拟训练系统

1. 系统功能

1）岗位操作模拟环境三维数字化建模

岗位操作模拟环境三维数字化建模主要围绕加注岗位操作等模拟训练需求开展加注设备，包括加注台、加注管线、加注泵、阀门、燃料罐等的三维数字化建模。

2）岗位操作模拟训练功能

岗位操作模拟训练模块用于为关键岗位操作人员提供高逼真的模拟训练环境，实现熟悉关键岗位的工作环境和演练操作规程的目的，主要实现两类业务模拟训练。

3）训练导调功能

针对岗位训练需求，可以设定训练科目、典型故障等，并在训练过程中可实时干预受训对象,增加模拟训练的针对性,同时能够对受训对象、训练过程进行分析评估。

4)训练数据管理功能

训练数据管理实现对训练场景中所涉及模型以及训练数据的管理。能够对整个训练的训练科目进行设置。具备承担训练科目设置、加载、仿真运行控制及数据的能力。

2. 系统设计

系统设计分为基础设施中心的物理层、数据库存储的数据层、软件平台模块架构的平台层、软件业务实现的应用层、用户体验人机交互的表现层。

1)基础设施中心

基础设施中心作为承载整个系统的物理层,主要以硬件设备为主,建设有应用服务器、数据库服务器、导调操作终端和模拟训练终端。系统以此为基础,构建整套工程岗位操作模拟训练系统。

2)数据层

数据层提供系统所需的资源和数据服务,包括关系型数据库和三维模型库。三维模型数据库提供模拟训练场景中所涉及模型,包括加注场景中涉及的加注台、加注管线、加注泵、阀门、燃料罐等模型,以及发射塔架岗位操作所需的塔架和连接设备等模型。

3)平台层

平台层构建软件应用的平台环境,基于项目可移植与中标麒麟操作系统的考虑,系统采用UE4作为视景渲染软件,C++开发库QT作为系统开发工具。平台层构成主要由实时数据接口、三维视景渲染、数据管理和应用管理等组件构成。

实时数据接口实现训练外设,视景系统,与导调系统之间的数据通信。采用UE作为三维渲染引擎,实现模拟训练仿真场景的渲染。包括加注操作和平台安装操作。

数据管理提供对数据层的数据调度管理功能。

应用管理基于数据层和模块设计,为上层应用提供服务。

4)应用层

用于部署仿真应用和仿真资源模型并对模拟训练过程进行管理。该系统上部署有导调训练应用软件和岗位模拟操作训练软件。导调训练应用软件为桌面操作应用,由导调人员操作,针对岗位训练需求,可以设定训练科目、典型故障等,并在训练过程中可实时干预受训对象,增加模拟训练的针对性,同时能够对受训对象、训练过程进行分析评估。

5) 表现层

表现层主要以人机交互界面为主,提供用户的操作体验和模拟训练。人机交互界面,提供美观、合理界面布局,通过鼠标和菜单项等人性化操作,完成模拟训练初始配置和仿真应用。采用虚拟化技术,通过头盔和动作捕捉设备,实现真实环境下的工程岗位操作模拟训练。

4.5.5 工程应急处置模拟仿真系统

1. 系统功能

工程应急处置模拟仿真系统流程如图 4-15 所示。

针对应急推演演练活动的各个阶段,系统提供以下功能。

1) 训练准备阶段

系统提供模型设计工具、模型装配工具和想定编辑工具,实现模型开发、模型参数配置、指控关系配置、行为规则配置、三维想定编辑、席位角色设定等功能。

2) 训练实施阶段

系统提供导调席位软件、训练席位软件、观摩席位软件,支持不同席位角色进行协同演练,实现导调控制、指挥决策、应急处置、演练观摩等功能。

3) 分析评估阶段

系统提供分析评估工具,通过人为或自动方式对训练结果进行分析评估,辅助预案修订、应急指挥和过程操作。

2. 系统设计

系统可分为用户层、交互层、资源层、虚拟层和仿真层 5 层。

用户层主要根据演练职能划分进行用户席位编制,可分为导调控制席、演练席、分析评估席和演练观摩席。

交互层主要完成与用户人机交互相关功能,包括导调控制工具、行动处置工具、分析评估工具、演练观摩工具。

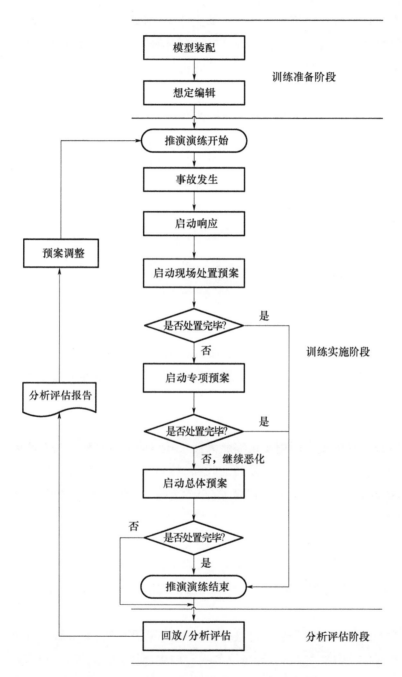

图 4-15 工程应急处置模拟仿真系统流程示意图

资源层主要完成演练全过程的各类文件、数据管理及系统管理等。

虚拟层主要完成三维场景设计、三维模型设计和三维界面配置功能。

仿真层主要完成模拟演练底层的仿真设计,包括模型设计工具、模型装配工具、想定编辑工具。

在系统中,由仿真层中仿真事件模型和仿真实体模型之间的互动推动应急场景下的态势发展;以虚拟层中三维虚拟现实技术展现当前态势效果、接收用户操作指令并影响仿真进程;资源层负责完成网络化环境下的资源(仿真引擎、用户界面、仿真模型、各类工具)部署和演练过程数据采集工作;交互层主要提供一些基础的演练过程中用到的人机交互工具;用户层是可以按需定制的,装配若干交互工具形成的参演人员席位界面,供特定的参演人员使用。

4.5.6 运载火箭运输吊装动力学仿真系统

1. 系统功能

根据发射场运输、吊装和加注工艺流程的动力学仿真需求,构建具有数学模型和物理学特征的高逼真度、实时性强的三维运输、吊装和加注动力学仿真引擎,以实现发射场运输设备的动力学仿真,发射场吊装设备的动力学仿真以及发射场加注系统的动力学仿真。

1)运输设备

运输设备指的是专门用于运输航天器及其运载器的运输设备及车辆。其按用途可分为普通运输设备和产品转运设备,按运输方式可分为公路运输设备和铁路运输设备。运输设备主要包含大/小元宝车、火箭芯级运输车、液氢槽车等轮式车辆。

2)吊装设备

吊装设备是用来将整流罩、航天器、运载器等产品起吊、转载和维护的基本设备。技术厂房和勤务塔一般使用一台或几台桥式吊车,脐带塔使用悬臂式吊车。

3)加注系统

加注系统指的是对产品加注液体推进剂的专用设施,通常每种推进剂都有单独的贮罐间、泵站、控制间、计量设备间和加注、泄出管道,配备有流量计、气动和电动阀门,以及调节推进剂温度、压力的热交换装置、高压气瓶,还有加注控制台和指挥控制设备等。

2. 系统设计

根据运载火箭运输吊装动力学仿真系统的建设目标和任务需求,将其划分为仿真资源层、仿真应用层和仿真管理层三个部分。其中,仿真资源层是系统的基础层,负责为仿真应用层提供软、硬件仿真资源和仿真运行环境;仿真管理层负责对仿真资源层和仿真应用层进行管理。运载火箭运输吊装动力学仿真系统架构如图4-16所示。

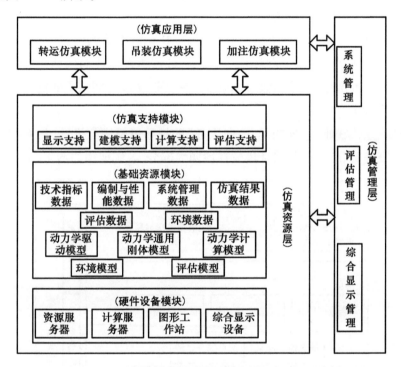

图4-16 运载火箭运输吊装动力学仿真系统架构

4.5.7 多星危险性仿真评估系统

1. 系统功能

1)危险性评估数据显示

支持用户通过三维仿真环境依据仿真评估数据驱动进行室内爆炸超压和结构破坏效果显示、室外爆炸安全距离显示、室内污染物扩散覆盖区域显示。

(1)室内爆炸超压和结构破坏效果显示。根据工况仿真计算结果,展示不同时间节点的基于不同颜色包围球表示的冲击波等效压力和基于不同色块表示的建筑破坏区域。

（2）室外爆炸安全距离显示。建立粗粒度的危险品运输过程中的三维外围环境，并采用不同颜色等级的方式显示危险品所经过之处的外围安全距离。

（3）室内污染物扩散覆盖区域显示。根据工况仿真计算结果，展示不同时间节点高度为1m平面上达到工作最高允许浓度的扩散覆盖区域。

2）危险性评估数据管理

实现特性参数、中间数据、评估结果和可视化数据等的保存与读取，完成数据库的创建，数据库的录入和导出等功能。数据库存储数据包括标准构件数据存储、毁伤体数据存储、毁伤效果图以及各种工况仿真中间结果数据的存储。

2. 系统设计

按照"层次清晰、功能明确、面向服务"的指导思想进行设计，将系统划分为资源层、服务层、应用层和综合集成环境四大部分，系统架构如图4-17所示。

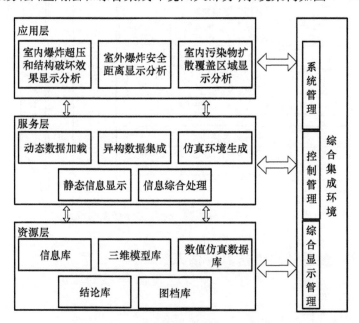

图4-17 多星危险性仿真评估系统架构

1）资源层

资源层提供数据支持，包括信息库、三维模型库、数值仿真数据库、结论库和图档库。

三维模型库包含场区模型和高大空间复杂结构模型。

信息库包含数值仿真计算相关的参数信息(材料属性等),模型基本属性信息。

图档库包含高大空间复杂结构的泄漏和爆炸模型 CAD 图纸。

数值仿真数据库包含室内爆炸、室外爆炸和室内泄漏数值仿真计算数据。

结论库主要包含爆炸数值仿真中的冲击波超压分析、厂房结构破坏分析和安全分析与防护建议,泄漏数值仿真中的污染物扩散过程描述和安全分析与防护建议等结论信息。

2)服务层

服务层提供功能支持,包括动态数据加载、异构数据集成、仿真环境生成、静态信息显示和信息综合处理。

动态数据加载实现在线状态下快速加载新的三维模型和数值仿真数据,同时从内存中移除旧有模型和数据。

异构数据集成建立统一的数据访问接口,提供了可视化的数据统一管理界面。

仿真环境生成构建三维数字化虚拟仿真环境、实现场景漫游与导航以及提供友好人机交互界面。

静态信息显示用于显示数值仿真计算相关的参数信息(材料属性等),模型基本属性信息以及实时计算信息。

信息综合处理汇总各类仿真评估数据,依据定制化模板输出用户所需的仿真报告文档。

3)应用层

应用层实现系统需求,包括室内爆炸超压和结构破坏效果显示分析、室外爆炸安全距离显示分析和室内污染物扩散覆盖区域显示分析。

4)综合集成环境

综合集成环境是控制中心和管理中心,它将资源系统和应用系统有机地组合成一个整体,实现整个系统各平台的功能集成化和管理一体化,实现系统的可重用、易配置、具有强大人机交互及管理能力的目标。

4.6 典型应用

4.6.1 运载火箭发射场数字化合练

1. 试验目的

为确保系统间接口协调工作的科学性、有效性,围绕运载火箭测发技术全流程,开展系统间的机械接口协调和干涉分析,重点实现解决箭地接口协调、船箭联合操作、测发工艺流程下关键环节的操作可达性分析等,在实际合练任务前提前发现系统间可能存在的接口不匹配、不协调的问题,提升任务执行的可靠性。同时,以发射任务在地面各工程设施的任务操作为指导,建立三维仿真推演和接口协调评估工具,在发射场建成前即实现三维虚拟仿真环境下发射场建筑、结构、水、暖、电、非标、加注供气等专业针对各发任务的保障性要素分析和接口适应性评估,确保发射场建成后能够顺利开展相关测发工作。

1) 水平转载厂房

产品布局分析、厂房吊车、轨道等保障条件分析。

2) 总装厂房

火箭、发射平台与厂房对接建立接口协调关系、舱口操作平台高度协调、摆杆打开角度分析。

3) 发射塔架

火箭、发射平台与塔架对接建立接口协调关系、舱口(区分电、气、液)操作可达性分析(操作平台高度协调)、加注软管连接分析、瞄准间与瞄准窗口通视性分析、产品设备布设分析、测试间接口信息(利用可视化信息服务功能提供支持)。

4) 加注扣罩厂房

整流罩准备间半罩与工装布局分析、整流罩翻转可行性分析、主要通道通过性分析。

2. 试验内容

1) 布局分析

实现产品与工装在火箭转载厂房、航天器测试厂房、航天器加注扣罩厂房、火箭总装测试厂房等技术厂房内的二维、三维布局分析。

（1）二维布局分析。

如图4-18所示,在二维环境(可选用VISIO等绘图软件)中进行设备的布局设计与分析,通过建立图元库标识各技术厂房和产品工装设备,建立各技术厂房的二维平面底图,通过选择厂房模版,直接获取带有具体尺寸及结构标识的详细流程图样,在此基础上从图元菜单中选择相应设备图元完成布局的编辑,要求可使用鼠标进行拖拉图元库中的图元来进行布局编辑调整,并显示重要设备信息,即要求能够在二维布局图上显示出所需要展示的设备的名称、设施设备接口属性、距离等信息。

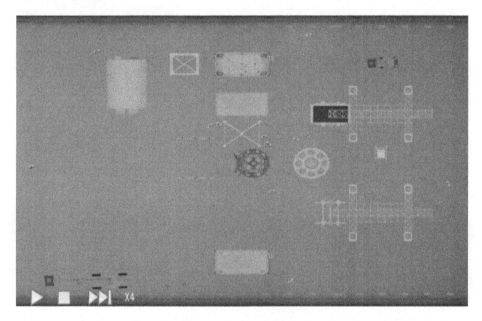

图4-18 二维布局分析

（2）三维布局分析。

如图4-19所示,三维布局可导入二维布局图作为基础编辑状态,也可新建布局文件进行布局,可从模型库中通过拖拽的方式添加模型,暂时没有相应三维模型的设备根据用户输入的设备属性信息(基本形状、外包络尺寸、吊点、被吊点等)生成临时三维模型,或导入模型库中已有类似模型为临时替代模型,临时三维模型要标注其临时状态,用其他任务模型作替代的要能查询此模型原始出处。

对于有接口或区域功能约束的布局摆放能给出相应的提示,如禁用区域、专用区域、吊车运行区域,要求三维布局结果可输出为二维布局图,结合设施设备信息可视化显示,准确标识三维环境中的设施设备接口信息。

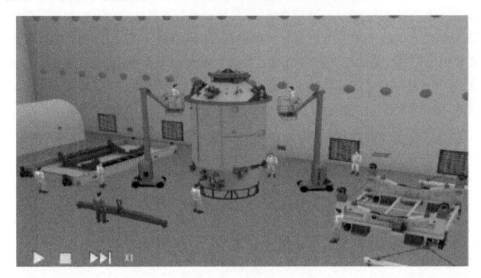

图 4-19　三维布局分析

2) 接口协调

(1) 操作可达性分析。

如图 4-20 所示,通过操作人员在平台上的操作位置和高度判断是否可以对舱口内的设备进行操作,包括人手能够接触的物体的范围和人眼能够看到的物体的范围。若低于舱口位置,平台如何调整、摆放多大尺寸的踏板、架梯是否可以达到;若高于舱口,平台放置最低,判断人员是否需要弯腰、趴下等姿态完成操作。

(2) 接口匹配性分析。

① 电接口(脱插):考虑电缆与电接口的负载匹配性。通过"匹配性检查",查看电缆的负载等信息,判断需要什么型号和负载的电缆,选择后进行连接。

② 气接口(空调、供气):主要考虑气管和气接口的匹配性。通过"匹配性检查"查看接口及管路的孔径、型号等信息,判断需要什么规格的管路,选择后进行连接,如图 4-21 所示。

图 4-20 操作可达性分析

图 4-21 接口匹配性分析

③ 液接口(加注):主要考虑加注接口的匹配性。通过"匹配性检查"可以查看接口及管路的孔径、型号等信息,判断需要什么规格的管路,选择后进行连接。

④ 软管、硬管之间的接口：硬管主要部署在设施上，会通过一段软管与产品接口连接，需要考虑软管、硬管的孔径匹配性。通过"匹配性检查"可以查看软管、硬管的孔径、型号等信息，判断需要什么规格的管路，选择后进行连接。

各类接口匹配结合设施设备信息库显示需要的信息——接口、管路的基本信息，选择接口后，可以筛选出已有的缆线、管路用于匹配，若全都不匹配，可以通过管路敷设功能增加、配置新的管路。

（3）干涉分析。

对于运载系统、航天器系统以及航天发射场系统，经常会关心各系统之间，例如升降工作平台与摆杆、升降工作平台与箭体、活动发射平台与升降工作平台、回转平台与喷水机构等（图4-22），是否存在干涉问题。通常需要考虑静态物体间的干涉和行进过程中的干涉。行进过程中即使不存在干涉，也需要验证两者间最短距离是否满足设计指标，因此，能够快速有效地检测出干涉情况或者计算最短距离是解决问题的难点。

图4-22　干涉分析

干涉检测功能实现静态物体间的干涉分析，分为粗检测和细检测两个阶段。粗检测负责在一个模型集合中找出可能发生碰撞的候选模型对集合，然后以列表形式记录相关干涉信息，并提供干涉定位功能。细检测负责对候选集合进行精确的相交测试,从而找出真正发生碰撞的模型对集合,可以通过自动算法测试或者是人工测试实现。

最小距离计算模块实现行进过程中的干涉分析,倘若运动轨迹间存在交叉即可判断干涉,否则需要在各自运动轨迹中找到相距最短的两点,确认最短距离是否满足设计指标。不满足,则需要记录相距最短的两点在各自轨迹中的位置以及最短距离。

3）保障性条件分析

在发射场建成前即实现三维虚拟仿真环境下发射场建筑、结构、水、暖、电、非标、加注供气等专业针对各发射任务的保障性要素分析(图4-23),确保发射场建成后能够顺利开展相关测发工作。通过结合设施设备信息库,针对产品对发射场的技术要求为测发流程的关键环节提供各类保障信息。

(1) 航天器对发射场的技术要求。

① 通用要求:包含供配电(供配电方式、电源品质)、接地、吊装、测试、环境和送风、照明、大门、地面承载、供气管路铺设、道路、防雨棚、环境保障条件(温度、湿度、)、厂房洁净度、电缆通廊、电缆沟、吊车能力(小车数量、吊重、吊高)、大门尺寸等。

② 航天器总装测试厂房:布局要求、供配电(用电量、插座箱和插座)、接地、通信、供水、供气、电缆沟和地下通廊等。

③ 航天器加注扣罩厂房:布局要求、供配电(用电量、插座箱和插座)、接地、环境、通信、供水、供气(种类、地点、压力)、地面和墙面要求、管路铺设、墙壁开口等。

④ 航天器垂直总装测试厂房:布局、供电(用电量、插座箱和插座)、接地、通信、供水、电缆沟和竖井等。

⑤ 固定勤务塔:布局、供电(用电量、插座箱和插座)、接地、通信、供水、供气、电缆沟和竖井等。

(2) 运载器对发射场技术要求。

① 总体要求:电缆、光缆连接图、射向与落区范围、发射点坐标与射向、子级理论落点(助推、一子级、整流罩)、气象测量与预报预警要求、道路要求(公路和活动平台铁轨)、供配电、供气、通信与监视、电缆光缆通道、厂房及设备间、工作间环境、消防、箭体停放与吊装要求。

② 水平转载厂房：

（a）箭体转载间：工作面积、大门、起重机、地面铺设轨道、加注供气（气体质量、气源压力、供电、水源和清水槽、通风与报警、废液及污水处理）。

（b）水平停放测试间：工作面积、大门、起重机。

（c）单元测试间（包含控制系统、激光惯组、光纤惯组、测量系统垂直度调整系统、瞄准设备、伺服机构等）：工作面积、门、净高，惯组测试需要基座。

③ 航天器加注扣罩厂房：

（a）整流罩转载测试厅：工作面积、大门、起重机、测试间（面积、用电量）。

（b）加注合罩厅：工作面积、大门、起重机、设备防爆要求、测试间。

④ 火箭垂直总装测试厂房：

（a）起竖厅：工作面积、大门、起重机。

（b）测试厅：大门、地基、工作平台高度。

（c）活动发射平台与地面电气液接口。

（d）活动发射平台与地面空调接口。

（e）动力测试间：工作面积、净高。

（f）火工品贮存与测试间：面积及特殊要求。

图 4-23　保障性条件分析

4）接口协调评估

以发射任务在地面各工程设施的任务操作为指导,建立三维仿真推演和接口协调评估工具,依据相关协调需求,基于评估准则和接口适应性评估的分析验证结果,自动生成相应评估报告。报告内容主要包括以下方面。

（1）产品工装布局。

① 产品与工装整体布局长、宽、占地面积。

② 四周墙壁与产品、工装的距离信息（根据厂房实际情况,以确定边界（墙壁、平台边缘等）为参照依据）。

③ 主要关注对象的距离：针对产品工装布局中的主要关注对象,计算距离信息。

④ 产品、工装布设的合理性：考虑吊车等操作的可达性因素,判断物体摆放的合理性。

⑤ 管路敷设路径、距离：针对需要进行管路敷设的地方,标识管路敷设路径、长度信息。

（2）接口协调（图4-24）。

图4-24 接口协调

① 针对产品关注舱口的操作可达性:包括平台高度、使用工装情况。

② 设备装卸结果:设备名称、完成动作、完成情况、使用工装及状态(位置、操作高度等)。

③ 产品与发射场地面设施设备间接口匹配性验证结果:记录进行匹配性分析的设备名称、匹配性结果。

(3) 流程操作(图4-25)。

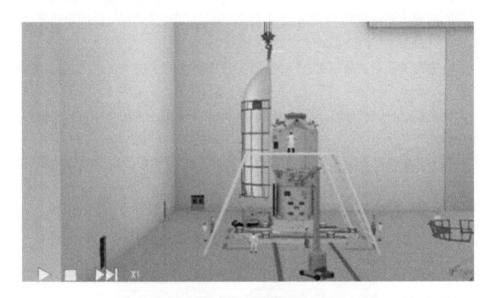

图4-25 流程操作

① 测发流程的可完成性:针对不同测发流程设计方案,给出该流程是否可以完成。

② 测发流程的合理性:针对具体的测发流程,分析各操作环节的可达性,并最终综合给出流程的合理性。具体指标可以为难易程度(分成不同级别)、耗费时间等。

3. 试验结果

试验验证了某型运载火箭工艺流程中的关键环节,发现了干涉问题,如图4-26~图4-29所示;验证了操作的合理性,如表4-2所列。借助实地勘察和吊装试验等手段,确认并解决了这些问题,确保了吊装过程的顺利开展。

第4章 航天发射场数字化合练与评估验证

图4-26 摆杆与操作平台发生干涉

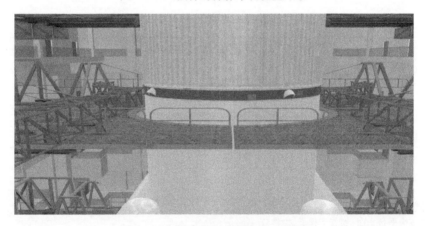

图4-27 平台栏杆与摆杆发生干涉

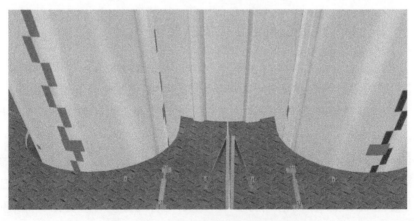

图4-28 平台与火箭长排罩发生干涉

· 95 ·

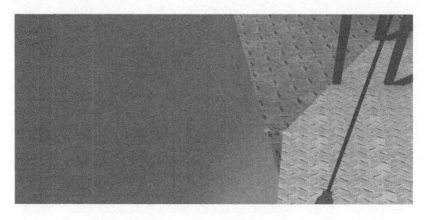

图4-29 尾翼平台在打开过程中与脐带塔最小距离不满足设计要求

表4-2 运载火箭操作可达性分析示例

平台	调整措施
厂房平台1	平台与操作口干涉;加两个1m的梯子,拆后吊具、支撑垫块,装主捆绑、反推火箭
厂房平台2	便于安装加泄连接器、中捆绑、侧推火箭,加两个1m的梯子
厂房平台3	加两个1.5m的梯子安装爆炸螺栓;加两个0.5m的梯子装前捆绑
厂房平台5	加两个0.5m的梯子,安装气管连接器、氧加泄连接器、相控阵天线
厂房平台6	加两个1m的梯子,拆吊篮吊具
厂房平台7	加一个1m的梯子,一个1.5m的梯子,一个2.5m的梯子,操作口
塔架芯级平台1	加两个0.5m工作梯,安装气管连接器、氧加泄连接器
塔架芯级平台3	加若干梯子,操作口

4.6.2 测发流程三维数字化实时显示

1. 试验目的

建立航天发射场测发流程现场实时数据驱动的关键设备仿真动作平行推演,重点围绕发射场产品设施设备信息可视化管理及实时任务保障等工作展开。

2. 试验内容

建成内容较为丰富的发射场的三维数字化环境,三维模型覆盖各单体设施、各分系统,通过对模型进行梳理、归类,并融合各系统设施设备信息,为设施设备基础信息、运维信息、监测信息的多样化显示与管理提供有效支撑,并服务于后续任务的各类显示需求。

任务实时信息主要来自发射场测发指挥监控系统,后续可以扩展到物联网、视频监控网等其他网络。

1)测发指挥监控实时传输信息

针对测发指挥监控网信息,系统提供网络处理接口,通过可配置文件接收来自测发指挥监控网络的信息,接口处理程序可以适应不同任务、不同测发指挥监控网的信息,通过信息接收显示发射场地面设施设备的实时状态。

(1)塔勤信息。厂房大门打开状态、整流罩空调温度湿度、塔架回转平台打开关闭状态、电缆摆杆摆开合拢和瞄准窗开闭作业状态。基于任务期间实时状态信息驱动三维场景进行显示。

(2)火箭测试信息。接收火箭测试期间的信息,针对分系统测试、匹配测试、总检查期间的测试信息,通过全三维、数字化的火箭(含内部各组成部分三维模型)展示测试过程的动态信息。

(3)气象信息。接收当前及预报信息,进行文字、表格和三维直观状态形式显示。

(4)指挥口令信息。当前接收信息,只进行文字或表格形式显示。

(5)时统信息。当前接收信息,只进行文字或表格形式显示。

2)三维加注实时显示

通过接收地面测发设备实时数据驱动三维模型显示系统加注阶段的系统相关设施设备实时状态,并支持任务回放分析。

(1)实时显示。根据接收的加注系统监测数据,实时三维显示加注过程(加注泵启动、阀门开关、贮罐贮箱的液位、加注管路液体流向、流量、温度、压力等动态变化过程及信息显示)。

(2)数据回放。将相关地面设备在任务执行实时接收的数据自动存储存至服务器数据库,根据数据库记录可进行不同任务的三维显示回放。

3)物联网监测信息

人员活动监测、关键设备指标监测、报警监测。

4)视频监控信息

将视频监控图像和三维场景结合,提供视频流在三维场景中实时显示功能,用户可定制视频显示窗口数量和进行比对观看。

3. 试验结果

如图 4-30 所示，通过接收测发指挥监控实时信息，结合仿真系统展示倒计时 -30min 到点火发射期间控制、动力、氧氮加注和塔架勤务等系统的重点指令动作，以发射塔架为重点关注对象，实现对发射场三维仿真环境、火箭液氧贮箱液位、箭上状态参数等内容的实时显示；通过接入测发指挥监控网接收火箭网信息，实时驱动展示液氧补加、氧加泄连接器脱落、伺服机构启动、气管连接器脱落、摆杆摆开、点火、喷水降噪等主要指令动作，对多次总检查数据及模拟发射进行展示和验证；通过现场实时数据驱动的关键设备仿真动作平行推演工作与任务相结合，利用自主仿真平台，在现场根据实际需求编制了三维实时显示与网络解析程序，可为任务保障提供支持。

图 4-30　运载火箭常规加注及射前操作三维实时显示

4.6.3 液氢管路改造数字化合练

1. 试验目的

塔架平台与火箭活动发射台在同一标高平面,由于火箭点火 9s 后才脱离活动发射平台,加注设备直接面对火箭点火后至起飞时发动机持续燃烧的火焰烧蚀和起飞气流的冲击振动,造成了加注设备受损较为严重。通过任务后的检查发现,液氢加注设备的受损情况主要包括:氢排管道保温层和蒙皮被烧蚀较为严重,部分真空软管受气流夹带物冲击导致变形,供气管线被气流冲击和其他杂物砸伤受损严重;4 个阀门无法进行远控操作,2 个调节阀的阀位控制器损坏;传感器外壳普遍出现烧蚀变形,3 个压力传感器、5 个温度传感器和 5 个截止阀接近开关损坏;控制电缆和防静电接地/跨接设施受损情况严重。因而,需要对该部分受损设备进行恢复改造。

根据任务期间新出现的问题,利用三维数字化仿真技术手段辅助验证发射塔平台上的芯一级液氢加注系统恢复和防护方案的合理性,达到尽可能减少起飞阶段对氢系统设备的损坏以及对氢系统整体安全性的影响,减少任务后的恢复工作量的目的。

恢复方案主要有四方面约束:一是在系统恢复后技术状态满足任务使用要求;二是确保火箭起飞对氢系统设备的损伤不会出现泄漏等其他不利后果,不会对人员、塔架、场区和氢系统自身等带来严重安全隐患;三是通过本次恢复和防护后可大幅减少射后恢复的工作周期;四是尽可能利用射后技术状态正常的设施设备。

2. 试验结果

试验验证了发射塔二层平台上的芯一级液氢加注系统恢复和防护方案的合理性,见表 4-3。

方案一如图 4-31 和图 4-32 所示,在发射塔西侧现有管廊下新增一层操作平台,使得新增操作平台标高低于活动发射台标高,利于减少火箭尾焰和气流冲击。将原发射塔二层平台上 6 个阀门、管道、仪表等设备移至新增平台上,使加注设备远离火箭发动机尾焰和气流冲击,前端保留末加阀位于脐带塔后。

表4-3 液氢管路改造三个方案的优、缺点对比

	优点	缺点
方案一	新增平台距离发射台较远,且新增平台表面标高低于活动发射台,防护效果好,塔上管路系统布置无U形布局	无法有效利用固定勤务塔的功能,平台进出便利性和使用维护便利性下降。新增平台后,西侧管廊下通车高度降至6m,可能对后续发展产生制约。系统状态变化和建设工作量大。阀门布置在新增平台上,施工和操作维护不便
方案二	设备仍布置在二层平台,充分发挥固定勤务塔的功能	管路集中布置在二层平台西侧且设置防护墙,设备操作空间局促,人员通行便利性下降。新建防护隔离墙对二层现有布局有一定影响。有三个阀门需布置在脐带塔后
方案三	设备距离活动发射台较远,防护效果较好	有三个阀门需布置在脐带塔后,相比方案一、方案二,其他方面适中

图4-31 液氢管路现有管廊与新增操作平台

方案二如图4-33和图4-34所示,充分利用发射塔二层平台西侧现有空间,在二层平台西侧新建一道防护隔离墙,将芯一级液氢加注系统的6个阀门和部分管道布置到西侧隔离墙后,利用隔离墙的防护作用防止设备受损。

图 4-32 液氢管路新增操作平台

图 4-33 液氢管路现有空间新建防护隔离墙

图 4-34 发射塔二层平台西侧现有空间

方案三如图4-35和图4-36所示,利用发射塔西侧现有管廊的操作平台,将芯一级液氢加注系统的6个阀门和部分管道布置到操作平台上,以远离火箭的尾焰烧蚀和气流冲击。

图4-35 发射塔西侧现有管廊的操作平台

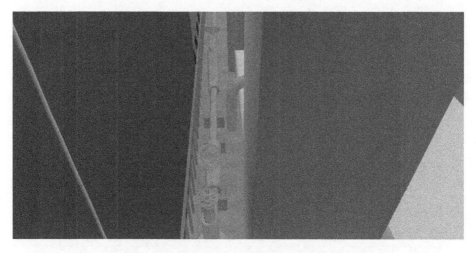

图4-36 运载火箭活动发射台脐带塔背面管廊

4.6.4 探测器发射场数字化合练

1. 试验目的

验证整流罩开口改进方案的可行性,主要包括:在垂直总装测试厂房提供的探测器操作工作平台上,验证探测器天线、火箭整流罩透波口和发射场转发天线三者之间相对摆放位置的合理性,确认天线波束通过整流罩后直至转发天线的传播路径上是否存在遮挡。在垂直总装测试厂房提供的探测器操作工作平台上,验证探测器器表操作可达性,确认插头插拔、定向天线测试所需转发天线摆放的合理性。在塔架提供的探测器操作工作平台上,验证探测器天线、火箭整流罩透波口和发射场转发天线三者之间相对摆放位置的合理性,确认天线波束通过整流罩后直至转发天线的传播路径上是否存在遮挡。在塔架提供的探测器操作工作平台上,验证探测器器表操作可达性,确认插头插拔、定向天线测试所需转发天线摆放、着陆器保护罩拆卸等操作的可达性。结合故障流程需求,在塔架提供的探测器操作工作平台上,验证着陆器保护罩安装操作的可达性。

2. 试验内容

针对探测器系统总体迫切关心的舱口改进方案可行性问题,梳理出各系统间接口约束关系,并利用数字化合练技术手段进行验证。系统间约束关系主要是指探测器天线发送信号经过透波口后,会投射出一个立锥体的信号范围,需要确保转发天线在信号范围内,才能转发成功信号。由于信号源位于回转平台包围之中,转发天线的摆放位置通常位于固定塔端,两者之间存在摆杆、栏杆等金属构件,在信号传播的路径上经常会出现遮挡情况。所以,如何选取转发天线的摆放位置,确保信号尽量能接收到,或者如何修改透波口位置,确保信号尽量少地被遮挡,是需要重点关注并解决的问题。数字化合练技术手段包括信号覆盖范围分析和开口编辑。前者是指给定探测器位置,天线相对探测器的位置,透波口在整流罩上的象限角度、距罩底面的高度和透波口尺寸,能够计算并形象展示出表征信号传播范围的立锥体。后者是指在线提供对透波口在整流罩上的象限角度、距罩底面的高度和透波口尺寸信息的修改功能。

3. 试验结果

试验验证了Ⅲ象限线轨道器透波口改进方案的可行性和着陆器器表插头操作口改进方案的可行性。发现了三个主要问题,包括找不到合适的转发天线摆放位置、天线信号被回转平台遮挡以及某些操作口的操作难度较大。具体情况如下:

如图4-37~图4-40所示,通过分析厂房和塔架内波路可穿过性与转发天线摆放位置合理性,验证透波口改进方案的可行性。

图4-37 厂房内透波口合并前方案可行性验证

图4-38 厂房内透波口合并后方案可行性验证

图4-39 塔架内透波口合并前方案可行性验证

第 4 章　航天发射场数字化合练与评估验证

图 4-40　塔架内透波口合并后方案可行性验证

改进方案将Ⅲ象限线轨道透波口合并为Ⅲ象限线上一个轨道透波口,且轨道器 X 频段接收天线 A1 和轨道器 X 频段发射天线 A 的信号都改由该口透射出去,仿真发现在塔架和厂房内找不到合适的转发天线摆放位置。

如图 4-41 和图 4-42 所示,通过模拟厂房和塔架内人员操作时的工装大小、摆放位置以及操作位置等,验证操作口改进方案的可行性。

图 4-41　操作口的操作可行性验证(厂房内)

图 4-42 操作口的操作可行性验证(塔架内)

仿真发现上升器器表插头操作口的操作难度较大,人员需要站立在整流罩内并前倾至失衡状态下进行操作,因此需要挂绳索确保安全。

4.6.5 多星危险性评估数字化合练

1. 试验目的

航天器在进行测试准备的后期需要进行燃料加注,燃料一般为四氧化二氮、偏二甲肼,具有较高的爆炸危险性和毒性,是发射场各类设施的重大危险源。为了保障人员、航天器、运载器及地面设施设备的安全,需要针对航天发射场可能存在的爆炸事故和泄漏事故进行数值仿真与安全评估。为了增强厂房内外意外爆炸事故和泄漏事故对建筑物及附属房间人员的损伤评估以及危险品外部安全距离评估的可操作性和可视性,需要进行危险性评估三维数字化仿真试验。试验内容包括室内爆炸超压和结构破坏效果显示分析、室外爆炸安全距离显示分析和室内污染物扩散覆盖区域显示分析。

室内爆炸超压和结构破坏效果显示分析借助三维可视化手段给出建筑物内冲击波超压的分布范围,分析爆炸作用与距离的关系,挖掘对建筑物造成破坏影响的当量阈值,同时验证防护墙结构对近距离内爆炸事故的防护效果,最后给出建筑物破坏和人员安全分析以及防护建议。

室外爆炸安全距离显示分析借助三维可视化手段给出室外爆炸冲击波超压的分布范围,并划定合理的安全区域,同时针对大当量爆炸工况进行结构响应分析,复核超压限制的合理性。

室内污染物扩散覆盖区域显示分析借助三维可视化手段对室内污染物(偏二甲肼和四氧化二氮)扩散过程仿真,考虑未开启事故排风(Normal)、开启事故排风(AE)、关闭空调开启事故排风(NoAC)三种工况,分析污染物(偏二甲肼和二氧化氮)的扩散过程、风速的影响、泄漏源流量的影响。

2. 试验内容

1)室内爆炸超压和结构破坏效果模拟

爆炸超压根据空间某点所处压力范围区间选取对应颜色球体来表示,渲染时颜色球体会由爆心向四周逐渐传播,出现球体的地方即表示被超压所覆盖。结构破坏显示根据结构面某块区域所受破坏程度范围区间选取对应颜色色块来表示,其渲染时机与超压传播到来时刻相对应,可形象直观地展示超压对结构产生了一定的破坏作用。倘若超压穿过墙体继续传播,即表示该墙体已被彻底破坏,此时墙面色块颜色代表的破坏率应为1。

2)室外爆炸安全距离分析

主要侧重于危险物品在运输过程中,对沿途安全距离范围的三维虚拟仿真。因此对周围环境的建模和渲染是关键。系统将根据真实的图片以及CAD规划图纸信息,构建危险品运输过程所经过的周围环境三维地理信息,包括道路、树木、房屋、地形等环境模型以及运输车辆模型。外部安全距离显示以当前危险品为中心,安全距离为半径,绘制三维空间中的包围球来描述。运输路线根据真实转运路线设定,相机采用第三人称视角跟随转运车辆,可以以车辆为中心进行360°旋转相机浏览路线周边环境。

3)室内污染物扩散覆盖区域模拟

需要按一定时间间隔对扩散过程进行离散化,利用采样数据集合来近似整个过程。系统按照1s为周期对高度为1m平面上达到工作最高允许浓度的扩散覆盖区域进行采样,然后按序展示这些采样数据,可以观察出污染物的扩散方位、扩散速度、污染物覆盖区域、污染严重程度等情况。

3. 试验结果

以发射场加注扣罩厅卫星和上面级-311kg爆炸工况为例。选取压力范围在0.109MPa(人员受伤,建筑轻度破坏)至0.176MPa(人员死亡,建筑完全破坏)作为重点分析区域,根据图4-43可以看出整个加注扣罩厅、加注设备间等会受到冲击波作用。

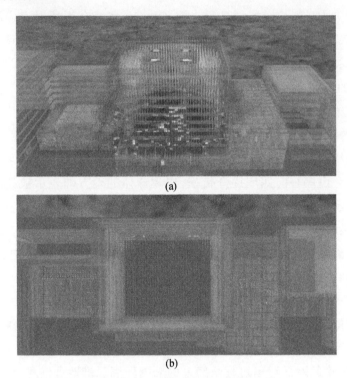

图4-43 爆炸超压分布情况

根据图4-44可以看出,加注扣罩厅与周边附属房间相邻的墙体均会发生非常严重的破坏,西侧对接机构测试间外侧的走廊和电源前置间的墙体也会破坏。

(a)

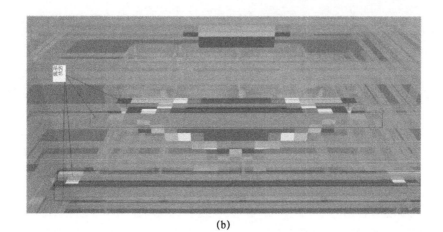

(b)

图4-44 爆炸结构破坏情况

4.6.6 管线综合数字化合练

1. 试验目的

航天发射场建设必须确保单体设施的设计质量,即确保建筑、结构、水、暖、电、弱电、加注供气各专业的设计不发生干涉。二维图纸复核不直观且难以查找出全部干涉,为此,依据建筑信息模型(BIM),结合使用仿真技术与Revit三维设计复核技术,利用仿真、三维设计等工具发现并定位碰撞等干涉问题,形成各专业设计人员设计复核仿真平台,从而发现设计过程中存在的主要设计问题。

2. 试验内容

建立尺寸准确的设计协调辅助分析环境,帮助设计人员准确定位干涉点并修改图纸,通过数字化手段完成设计协调工作。设计协调辅助分析环境包括单体设施的建筑外观、内部房间及吊顶、结构和管线三维模型。设计协调评估结论应包括:干涉列表,如干涉专业、干涉位置描述、解决方案;干涉在图纸中映射关系;干涉三维展示。

3. 试验结果

表4-4列出部分单体的管线综合干涉问题及整改措施。管线综合示例见图4-45。

表4-4 管线综合干涉问题及整改措施示例

发现问题	整改措施
412房间,钢梁与空调送回风管;912房间,钢梁与空调送回风管;1002房间,钢梁与空调风管;1012房间,钢梁与空调风管;8层,空调与加注;1B层,空调与加注;1层走廊(102、103房间),水与空调	412、912房间空调机房内E轴下方的回风管,为让开结构梁(梁底标高:F+2.950m),风管尺寸由:1250mm×630mm改为1800×400(风管底标高:F+2.500m),从回风竖井内接出的支风管尺寸、标高按原设计执行; 1002房间空调机房内E、F轴下方的新风管,为让开结构梁(梁底标高:F+2.950m),新风管:630×630(风管底标高改为F+2.200m); 1012房间空调机房内E、F轴下方的新风管,为让开结构梁(梁底标高:F+2.750m),新风管:630×630(风管底标高改为F+1.900); 在一夹层(平台标高4.750m)①~③轴间区域内的活动发射台空调系统送、回风管道(尺寸:800×500),平面定位由K轴向H轴方向平移约600mm,让开加注竖管; 在8层(平台标高49.100m)②~③轴间区域内的整流罩空调系统送风管道(尺寸:630mm×630mm),平面定位为由B轴向C轴方向1000mm,让开加注竖管

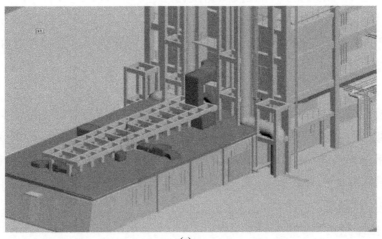

(a)

第4章 航天发射场数字化合练与评估验证

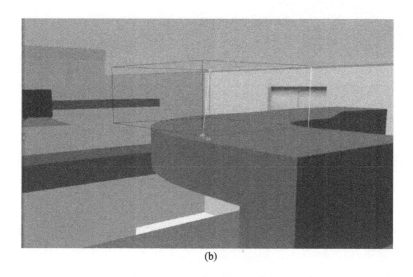

(b)

图4-45 管线综合

4.7 主要创新

航天发射场数字化合练与评估验证是伴随新一代航天发射场规划论证、设计建设、任务保障的整个过程提出并开展研究与实际应用的,具有鲜明的理论技术创新和典型的应用模式创新。

4.7.1 新型试验任务模式

突破了传统的航天发射试验任务工作模式,提出并应用航天发射场数字化合练技术体系,构建了"数字化试验有效支撑真实试验任务,实际试验结果反馈完善数字化试验内容"的新型试验模式,为建立更为全面的航天发射场数字化试验奠定了坚实基础,对于提升新一代航天发射场数字化应用水平具有重要的推动作用。

针对数字化合练技术的研究和应用工作,主要从试验数据体系、试验模型体系、试验方法体系、试验评价指标与评价方法体系等进行了全面深入的分析阐述,形成了"技术先进、要素齐全、层次清晰、应用明确"的技术参考框架,为航天发射场数字化合练工作提供了科学规范的总体指导依据。

4.7.2 数字化试验体系

以平行系统、计算试验、仿真技术等为支撑,突破了任务流程柔性建模与实时推演、空间布局优化设计等关键技术,填补了国内发射场全系统、全流程数字化合练技术领域的空白,解决了以往试验现场发现问题后影响任务进程的难题。建立了航天发射任务数字化合练与真实试验任务的虚实结合试验方法,定义了数字化合练体系的主要内容,围绕航天发射试验任务全流程、全要素,基于连续系统仿真与离散事件仿真方法相结合,建立了集流程定制、布局分析、接口操作、分析评估等功能于一体的可视化建模与实时推演环境。

具体实现上,以满足演示验证、虚拟推演、模拟训练、计算分析、信息可视化等应用功能为目标,建立包含基础资源、功能服务、应用接口、开发环境于一体的数字化合练应用支撑平台;仿真应用以基础平台为依托,针对领域应用,结合相关工具进行开发,形成面向具体应用领域的数字化试验工具。

4.7.3 评估指标与评估验证方法

设计了多问题域条件下的数字化合练评估模型体系,综合分析发射场系统、火箭系统以及航天器系统等任务背景下的数字化合练评估需求,建立要素完备的数字化合练评价评估指标,针对设计分析、流程推演、接口匹配性、危险性分析等评估验证工作,实现了人在回路的定性与定量结合的评估验证机制。

具体实现上,在流程与接口协调合理性分析评估领域引入基于参与者实时推演与反馈的定性评价机制,在基础计算、危险性评估等复杂计算分析评估领域通过相关算法实现。

4.7.4 危险性评估与动态演化试验环境

提出了高大空间复杂结构建模方法,构建了多工况条件下产品的危险性评估与动态演化试验环境。提出了冲击波超压分析方法,实现了施加爆炸载荷后结构的模拟,完成了室内爆炸工况的厂房结构破坏分析,验证了防护墙结构对近距离内爆炸事故的防护效果,并给出了建筑物破坏和人员安全分析以及防护建议。提出了气体扩散模拟分析方法,使用 Fluent 的多物质输运模型模拟气体污染物在空气中的扩散过程,完成了泄漏工况污染物扩散过程模拟,分析评估了污染物(偏二甲肼和二氧化氮)的扩散过程、风速的影响、泄漏源流量的影响。

第 5 章
航天快响发射数字化试验

在信息化时代,航天装备全天候、全天时、广覆盖、无国界的基本属性,使航天装备成为无可替代、无可比拟的重要战略资源。需要充分发展并高效利用航天装备提前预知、精确研判、知己知彼的制高优势,这就需要拥有并长期保持充分利用太空优势的能力。需要时刻保证航天装备的正常运行和行动自由,具备对全球热点区域进行跟踪观测、精确捕捉、快速响应的能力;需要在遭受干扰和破坏时,具备强大的、及时的应急组网重构能力。发射力量是保持太空优势的基础保证,航天快响发射是快速进入太空的前提。

航天快响发射数字化试验是支撑航天快响发射体系运用研究的有力手段。紧盯航天快响发射体系运用总体需求,支撑研提未来航天快响发射装备的具体要求以及对航天快响发射能力要求预期,厘清航天快响发射的应用场景、时效要求,明确航天快响发射的服务对象、服务需求,并针对发射载荷多样性需求,快速对接、平稳运输、快速发射要求,提出航天快响发射装备需具备的基本特征。

航天快响发射数字化试验是支撑航天快响发射体系试验研究的有力手段。

针对航天快响发射装备体系试验鉴定需要,着眼体系试验鉴定的特殊要求,支撑研究试验实施过程中的关键方法技术,立足为装备试验提供基础性、理论性和规范性的技术支持。

5.1 需求分析

5.1.1 航天快响发射体系运用

1. 航天快响发射任务构想与能力分析

(1) 天基信息支援发射需求:应急星座卫星数量、卫星种类、构型参数等。

(2) 航天快响发射应用需求:任务想定、任务需求和主要能力需求,包括发射数量、目标轨道、响应时间、运载能力、载荷能力等。

(3) 航天快响发射基本属性:地位作用、力量要求,以及应用场景设想、时效要求预期、人力物力资源最低发射保障条件等。

(4) 航天快响发射适用范围:服务对象、服务背景、应急前提、载荷(重)要求范围、轨道要求范围、空间要求范围、时效要求、精度要求、结构要求、电气要求、环境保障要求(温湿度、洁净度、电磁、振动等)、过载要求。

2. 航天快响发射响应机制与装备力量

(1) 航天快响发射响应机制流程:基本特征、载荷类型、几何特征、机械特性、电气特性、轨道特点、环境要求、测试流程、发射准备,有效载荷的外形包络尺寸范围、机械和电气接口约束、电气体制标准、电磁辐射要求、卫星轨道。

(2) 航天快响发射响应级别分类:发射准备时间、保障目标类型,规划分工界面。

(3) 航天快响发射装备技术型谱:对应响应时间、目标要求,明确装备选型,确保在发射命令下达后能够快速开展发射任务。针对航天快响发射装备型谱、种类的多样性,重点加强星箭地接口的一体化、通用化、标准化技术研究,提高设施设备的任务适应性。

(4) 航天快响发射任务模式范式:未来多模式航天快响发射构想,依据航天快响发射的需求与可能,科学合理规划各类型航天快响发射装备的编配方案,确保装备的数量和能力能够满足未来各类任务的需求。

3. 航天快响发射任务规划与演示验证

1）航天快响发射任务规划流程

构建火箭发射业务流程体系，以卫星类型、任务意图、运载能力、态势数据等信息为输入，生成包含发射点位、发射窗口、卫星星座部署等内容的火箭发射卡片。

2）航天快响发射方案评估方法

建立火箭发射方案评估指标，以多系统（地勤、测控、态势等）任务规划产生的规划方案数据和先验数据为基础，综合评估火箭发射方案，给出发射方案优选结果。

3）航天快响发射演示验证方法

以直观、简洁的方式展示发射力量部署、各型谱发射流程、航区和残骸理论落区分布、空间态势和航天装备入轨运行、航天装备过境目标区域时段和区域、航天快响发射仿真推演等。

5.1.2　航天快响发射体系试验

1. 航天快响发射体系试验总体框架

航天快响发射体系试验过程复杂、系统庞大、设计困难，通过梳理整合航天快响发射体系试验需求，支撑研究体系效能的关键能力要素，建立体系试验总体框架，规划设计体系试验能力的发展路线图。

2. 航天快响发射体系试验评估指标

评估指标是航天快响发射体系试验的基础。在体系试验过程中，评估指标以效能类指标和贡献率类指标为主，如体系效能、体系融合度和体系贡献率等，该类指标的核心特点是指标宏观性等。因此，需要借助数字化试验拟定可测定的评估指标。

3. 航天快响发射体系试验实施程序

从考核体系试验评估指标的目的研究体系试验的实施方法，核心是体系试验实施流程，包括评估设计、试验设计、试验准备、组织试验、试验总结、试验结果分析与评估、问题反馈和质量管理等。在上述实施流程中全过程的试验数据是核心的问题，需要借助数字化试验明确评估数据需求，开展数据采集、数据处理、结果分析评估等。考虑到体系试验是分布式试验,数据的生产部门众多,从现有条件和长远发展考虑,需要借助数字化试验开展数据的全过程管理。

4. 航天快响发射体系试验评估方法

为提高评估结果的置信度,需要借助数字化试验设计融合试验数据、仿真数据、任务数据等多类型数据的评估方法,并通过不同阶段评估结果分析与评估对象深入认知来预测评估结果,为分析装备性能、鉴定提供支撑。

5. 航天快响发射体系试验模型验证

在体系试验总体框架下,搭建数字化试验平台,针对装备体系构建、任务模式、评估指标、评估方法、实施流程等要素,依据理论研究成果,结合装备不同阶段试验鉴定数据,研究数值化体系试验模型,为理论研究成果在体系试验中的应用提供支撑。

5.2 基本概念

航天快响发射数字化试验主要是针对太阳同步轨道(SSO)、近地轨道(LEO)等典型发射轨道的航天快响发射任务,统筹分析当前测试发射、测控通信、后勤保障、综合态势等能力条件,通过仿真技术手段,快速规划发射弹道、飞行诸元等,快速制定发射方案,并对发射效果进行推演评估,支撑开展航天快响发射体系运用与试验研究。

航天快响发射数字化试验通过系统构建资源调度约束下多场区、多平台、多任务并行的航天快响发射任务规划总体技术框架,支持涵盖发射目标规划、发射弹道规划、机动路径规划、发射行动规划、发射方案生成等任务规划流程的弹性重构,能够实现在不同任务场景和计划条件下的作业环节按需集成,以便快速调整生成发射方案;支持发射弹道快速解算,能够实现发射任务在发射点位和发射窗口序列维度上的冲突消解;支持基于发射样式、发射平台、发射规则等的轻量化场景设计、组件化仿真推演,能够实现任务规划结果与二维、三维可视化仿真推演模型的独立映射,以便达到任务规划与仿真推演的平滑链接。

5.3 技术特征

航天快响发射数字化试验实现统一系统架构、统一数据管理和统一作业流程。统一系统架构主要是指基于"集成框架+分系统"的体制，实现"一个平台、多型号共用"的应用模式，具备通用化、统一化、集成化特征。统一数据管理主要是指基于统一格式及标准，完成输入数据处理及成果输出。统一作业流程主要是指基于标准化、规范化原则及统一的调度模式，建立适应运载火箭发射任务规划的统一作业流程。航天快响系统数字化试验具备以下主要特征。

（1）一个平台、多种应用。集建模、仿真和分析设计为一体，满足多型号、多任务仿真试验需求，具有开放性、通用化、模块化特点。

（2）在线组合、敏捷建模。基于敏捷构件建模理论基础，将模型中专业无关部分与专业相关部分分离，支持模型灵活扩展和可视化建模。

（3）不同任务、同步仿真。通过统一的云服务资源管理后台自动化实现仿真资源的申请、运行、释放，支持多用户、多任务在线同步仿真。

（4）故障注入、快速搭建。支持故障注入与故障传播，能够开展多工况、多偏差仿真试验，为型号各个研制阶段提供仿真试验的预示、性能评估等服务。

5.4 平台架构

航天快响发射数字化试验平台采用层次化微核服务架构，以"集成框架+服务组件"的方式构建发射任务规划、仿真评估等应用，通过加载可插拔、可复用的插件，形成面向用户的交互显示应用。整体设计采用可扩展的开放式系统架构，将数据展现和业务逻辑、模型和数据进行分离，可有效降低软件的耦合度，便于维护扩展。平台架构包括环境层、资源层、服务层、业务层、应用层，如图 5-1 所示。

环境层提供操作系统、数据库工具、办公软件、硬件资源等。

资源层提供三维模型资源、仿真模型资源、评估模型资源和数据资源等。

服务层作为数据加工的中心,所有工具软件的业务均需通过服务层与数据支撑层进行交互。服务层包括通用框架、仿真管理、评估调度。

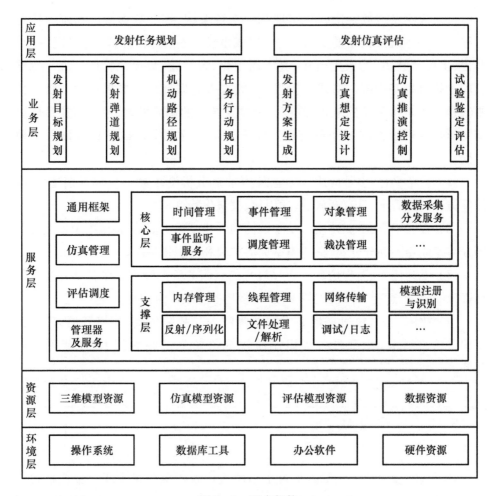

图 5-1　平台架构

业务层是直接面向用户的业务工具,主要基于通用框架进行开发集成,建立相对独立(业务独立、数据独立)的功能模块,系统模块松耦合,复用性强,便于系统功能应用的灵活重组与扩展,支撑用户的业务运用。

应用层通过集成专用业务模块、服务模块,针对航天快响发射数字化试验应用需求,提供相应的应用工具。

5.5　工作流程

航天快响发射数字化试验工作流程主要包括航天快响发射任务规划和仿真评估流程。

航天快响发射任务规划工作流程如图 5-2 所示。在进行航天快响发射任务规划时,主要进行发射目标规划、发射弹道规划、机动路径规划、发射行动规划,最终生成发射方案。发射目标规划主要分析明确卫星访问区域、访问目标时间、卫星或星座轨道数据、备选发射点位、任务部署位置等任务规划输入。发射弹道规划根据卫星数量、卫星轨道,依次对备选发射点位进行发射弹道规划,设置发射点位射向范围,以及火箭的控制参数,通过优化迭代,计算出射点射向,并输出发射弹道、发射窗口、飞行时序、入轨点卫星轨道根数等数据。机动路径规划设定出发点、终点、规避点(道路坍塌等突发情况),以及平均机动速度、综合机动时间和路径规划策略,从道路交通数据中快速规划得到机动路径,并计算出路径长度、机动时间等信息。在得到发射弹道、机动路线等规划成果后,根据一箭一星、一箭多星、多地多箭多星等需求,结合任务情况等数据,确定火箭型号、任务分队、发射点位、机动路线,规划行动计划,生成发射方案。

评估工作流程如图 5-3 所示,分为仿真准备、仿真推演和分析评估三个阶段。仿真准备阶段根据卫星、发射平台、地面应用系统等功能、性能,配置仿真模型,完成发射平台、地面应用系统初始态势部署,结合卫星轨道根数、火箭发射弹道、机动路径等方案数据以及发射流程,拟制完成仿真计划,最终形成仿真想定。仿真推演阶段根据仿真想定,按照发射方案、仿真计划等,对航天快响发射过程进行仿真推演,通过二维、三维展示机动转进、快速发射、飞行入轨、在轨运行等过程,仿真过程中采集记录仿真产生的各类仿真数据。分析评估阶段再现仿真试验过程,构建评估指标、评估模型以及评估准则,对仿真数据进行处理分析,对发射方案进行效果评估。

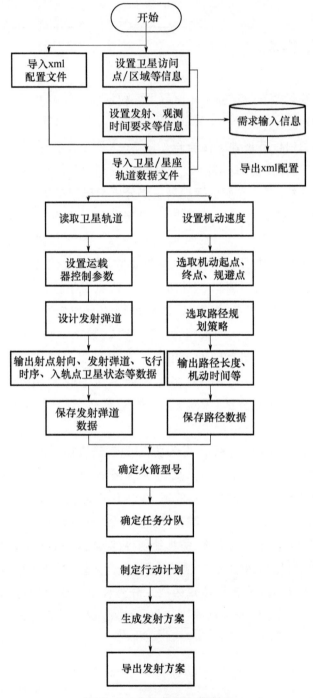

图 5-2 任务规划工作流程

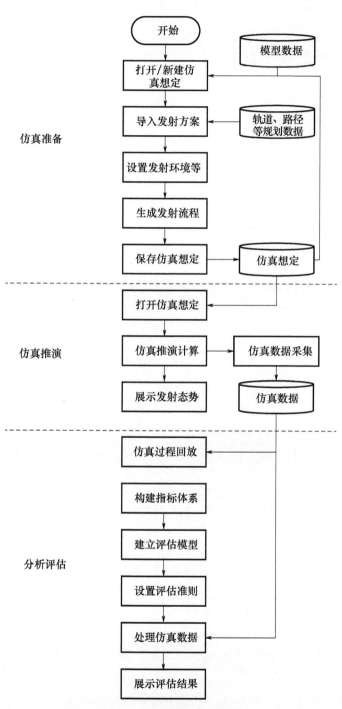

图 5-3 仿真评估工作流程

5.6 发射任务规划

5.6.1 发射目标规划

发射目标规划主要功能包括:分析明确卫星访问目标点/区域、发射点、访问目标时间等;分析明确发射点位、人员装备等部署位置;分析明确 SSO、LEO 等典型卫星/星座轨道,获取轨道根数。发射目标规划工作流程如图 5-4 所示。

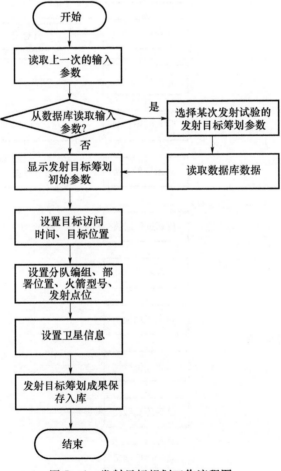

图 5-4 发射目标规划工作流程图

5.6.2 发射弹道规划

发射弹道规划主要功能包括：根据射点射向范围、控制参数范围、卫星轨道根数，在数值范围内随机取值，计算发射弹道及入轨点轨道根数，通过与目标轨道根数比较，反复迭代得到入轨精度最优的射点射向、火箭控制参数数值，并输出每个发射点的发射弹道、射点射向、发射窗口、飞行时序、入轨点卫星状态等数据。发射弹道数据包括时间、速度、射程、经度、纬度、高度、动压、加速度、攻角、俯仰角、偏航角等。射点射向包括每个发射点的经度、纬度、高度、发射方位。发射弹道规划工作流程如图5-5所示。

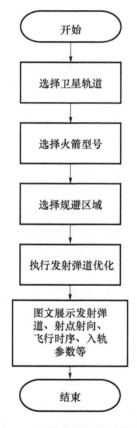

图5-5 发射弹道规划工作流程

5.6.3 机动路径规划

机动路径规划主要功能包括：选择规划机动路径时考虑的基本准则、机动速度、规避区域，基于路网数据，自动规划出从部署位置到发射点位的机动路线；规划准则支持距离最短、时间最短、费用最少、路况最优、风险最小等，可设置机动速度，根据不同的设置条件，能够基于道路数据进行规划。路径规划结果包括从出发点到终点的机动路线，以及每条路线的里程、机动时间等。机动路径规划工作流程如图 5-6 所示。

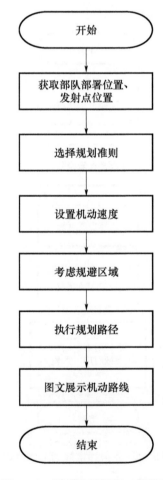

图 5-6 机动路径规划工作流程

5.6.4 发射行动规划

发射行动规划主要功能包括：基于发射意图、发射实力、态势数据等基础数据，发射弹道规划、机动路径规划等成果数据，通过比较规划出的不同发射弹道、发射窗口、机动路径、入轨精度等发射方案，选取遂行发射任务的发射分队、火箭型号，完成任务分配；确定发射行动计划，制定准备、机动、展开、发射、撤收和返回等全流程行动。发射行动规划工作流程如图5-7所示。

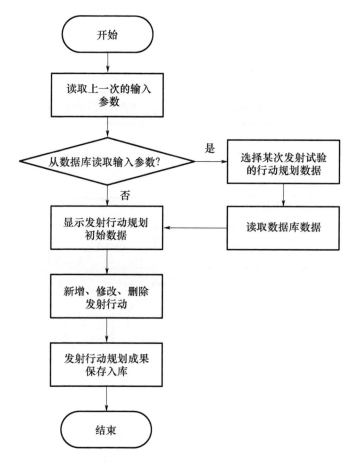

图5-7 发射行动规划工作流程图

5.6.5 发射方案生成

发射方案生成主要功能包括：开展卫星覆盖完备性、发射时效性等分析，经分析满足发射需求后，可根据任务规划成果生成发射方案；按照发射试验想定、发射试验大纲和发射试验方案的要求，基于任务规划成果（包括火箭型号、任务分队、发射弹道、机动路线、行动计划等），最终生成格式化的发射试验想定、发射试验大纲和发射试验方案。发射方案生成工作流程如图5-8所示。

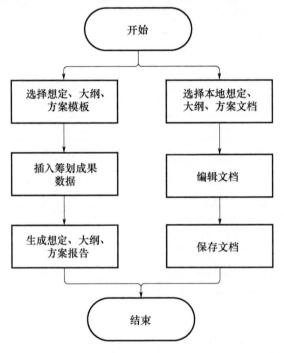

图5-8 发射方案生成工作流程图

5.7 发射仿真评估

5.7.1 仿真想定设计

仿真想定设计主要功能包括：按照发射需求、发射方案，依据指挥关系、力量编成、发射流程,完成发射部署,拟制机动转进、快速发射、在轨运行等仿真计划,形成发射想定文件,包含仿真推演所需的全部模型实例的配置、接口关系、事件关联等信息;解析卫星轨道、发射弹道、机动路径等发射方案信息,并据此设置仿真实体的轨道、弹道、路径等参数,转换为仿真想定内容;支持部署仿真实体并对相关要素进行管理。实现部署及属性设置,可对当前实体模型进行基本信息设置,包括实体名称、标绘、经纬度、指挥关系、实体类型等信息,形成发射初始态势场景;可对当前想定的各个模型实例间的交互信息进行关联,主要表现为指控关系、信息传递接口关系等;可为发射实体添加行为能力,设置任务执行的基本信息,如任务开始时间、任务持续时间、优先级、目标列表编辑、扰动时间等。支持添加各种发射环境:可设置气象环境参数,包括云、雪、雨、雾、气压、湿度等,并模拟发射环境中天气情况演变对航天发射的影响;可设置电磁环境对实体的机动能力故障概率等方面的权重影响,实现模型属性与环境基础数据的关联。仿真想定设计工作流程如图5-9所示。

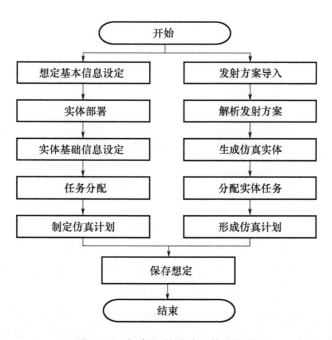

图5-9 仿真想定设计工作流程图

5.7.2 仿真推演控制

仿真推演控制主要功能包括：展示三维发射态势；控制仿真推演进程；解析配置仿真想定；在线分析统计数据；记录回放仿真数据。仿真推演控制工作流程如图5-10所示。

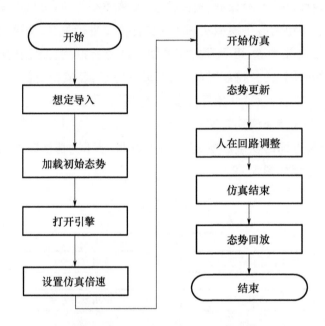

图5-10 仿真推演控制工作流程图

5.7.3 试验鉴定评估

试验鉴定评估主要功能包括：用于支撑航天快响发射数字化试验需求，能够构建评估指标、评估模型和评估准则，进而评估发射适用性、发射效能和体系贡献度，给出评估结论和相关建议；建立评估指标模板库，能够针对不同型号运载火箭的评估指标进行分类管理；能够管理数据源、数据集，设定每项评估指标的数据源、数据类型等；提供常用的预处理工具，能够对指标数据进行预处理，得到每项考核指标的数据；能够对指标数据进行归一化处理，得到相同评价尺度下的指标数据。试验鉴定评估工作流程如图5-11所示。

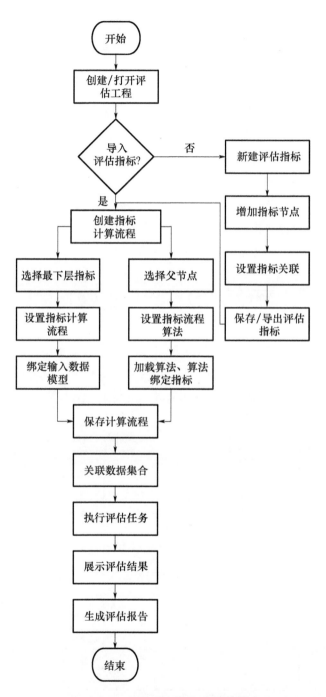

图 5-11 试验鉴定评估工作流程图

5.8 仿真模型库

构建基础模型体系结构,具有系统级的调度逻辑、清晰的接口界面和方便的开发机制,以便高效地开发和集成专用模型系统。仿真模型主要分为实体、组件模型。用户可以通过对仿真模型装配不同的组件完成实体模型的快速构建,经过模型解析,最后由仿真引擎进行综合调度得到仿真结果。该方法采用模型数据分离,实体和组件模型只有运行逻辑,在实例化时通过对装备实体的测控系统、指挥通信、行为能力、目标特性等进行组装,可形成各类能力不同、用途不同、体系结构不同的装备。

仿真模型设计数据流程如图 5-12 所示。

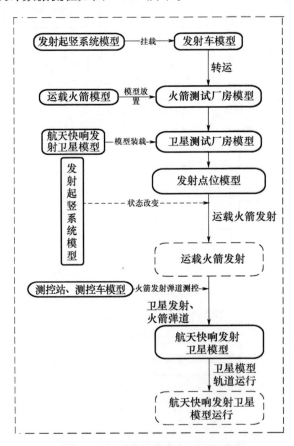

图 5-12 仿真模型设计数据流程图

仿真模型包括运载火箭、发射车、发射起竖系统、测控站、测控车、卫星、发射点位、卫星测试厂房、运载火箭测试厂房等模型。

5.8.1 运载火箭模型

运载火箭模型是能够按照预定发射弹道飞行,并实施子级分离、整流罩分离以及有效载荷释放等飞行时序动作,将卫星送入预定轨道,具备一箭多星能力的运载火箭的仿真模型、三维模型的统称。运载火箭仿真模型主要是基于运载火箭参数对运载火箭实体进行功能组件灵活装配来完成仿真建模。运载火箭实体基础属性包括运载火箭名称、二维标识、三维模型等态势显示类参数,重量、尺寸、载重量等性能指标参数,用于星箭匹配、运载能力等分析。运载火箭实体装配不同的组件模型后,即形成能够描述关键功能、性能特征的运载火箭仿真模型,在仿真运行时,运载火箭实体功能组件根据装订的组件数据、运行时环境数据,分别对运载火箭飞行、子级分离、整流罩分离以及有效载荷释放等不同的工作状态、工作模式进行分析计算,仿真评估按照计算结果更新态势。通过运载火箭实体与不同组件模型组合的方式,可以生成能力不同的各种运载火箭仿真模型。同时,通过对组件模型的升级、扩展,也能够快速完成对运载火箭仿真模型的升级、扩展,管理维护方便。运载火箭组件、参数以及功能之间的关系示例如表 5-1 所列。

表 5-1 运载火箭组件、参数及功能之间的关系示例

类别	组件	参数	功能
发射弹道	运载火箭模型	发射卡片、装订诸元等;风、雨、雷、电等环境数据	模拟运载火箭的飞行、控制等特性
行动	星箭组装	星箭匹配规则、组装时间等	按照预设的匹配规则、星箭组装计划,模拟不同型号运载火箭和卫星的组装匹配关系及执行过程
行动	星箭测试	星箭测试环节、时间等	按照星箭测试计划,模拟不同型号运载火箭和卫星的测试过程
行动	射前准备	射前准备流程、时间等	按照预设的不同型号运载火箭的准备流程,模拟不同运载火箭的射前准备过程
行动	点火发射	发射时间、射点射向等	按照发射要求,在指定时间按发射参数模拟发射运载火箭
行动	子级分离	子级分离时间、分离流程等	按照发射弹道规划,模拟运载火箭子级分离过程

续表

类别	组件	参数	功能
行动	整流罩分离	整流罩分离时间、分离流程等	按照发射弹道规划,模拟运载火箭整流罩分离过程
	有效载荷释放	有效载荷释放时间、释放流程等	模拟有效载荷释放过程

5.8.2 发射车模型

发射车模型是运载火箭专用发射车的仿真模型、三维模型的统称。发射车仿真模型通过设置名称、二维标识、三维模型、重量、尺寸等基础数据,可以在态势上直观地识别发射车,通过装配不同的功能组件模型,实现对不同型号发射车的描述。发射车实体与装订不同能力参数的车辆运动仿真组件后,即可对不同车辆的机动性能进行模拟,通过装配机动转载等行动仿真组件,能够模拟车辆按照机动要求(包括时间、速度、路线等)实施机动的过程。发射车组件、参数与功能之间的关系示例如表 5-2 所列。

表 5-2 发射车组件、参数及功能之间的关系示例

类别	组件	参数	功能
机动能力	车辆运动仿真组件	发射车单位油耗、续驶里程等;雨、雪、雾等环境数据	模拟运载火箭发射车在不同环境下的机动性能
行动	机动转进	机动路线、时间、速度等	按照设置的机动路线、时间、速度等参数,模拟发射车进行公路机动,按照设定的车辆运动性能进行机动解算
	运载火箭发射	发射时间、诸元等	模拟发射车的运载火箭发射过程

5.8.3 发射起竖系统模型

发射起竖系统模型能够模拟附加在发射车辆上的运载火箭发射前的辅助装置,可将运载火箭从平躺状态转变为起竖状态。在仿真运行时,能够按照起竖流程进行仿真,模拟运载火箭发射前的起竖过程。

5.8.4 测控站模型

测控站模型是利用遥外测设备跟踪运载火箭飞行状态和卫星入轨情况的测

控站的仿真模型、三维模型的统称。测控站模型可设置测控任务的执行时间、关注的目标或区域等信息。当进行测控跟踪时,根据测控站的位置以及遥外测设备参数性能,对运载火箭飞行、卫星入轨进行测控跟踪,并在三维场景中进行显示。

5.8.5 测控车模型

测控车模型是利用遥外测设备跟踪运载火箭飞行状态和卫星入轨情况,负责满足运载火箭发射点到一级分离点之间测控需求的测控车的仿真模型、三维模型的统称。测控车仿真模型通过设置名称、二维标识、三维模型、重量、尺寸等基础数据,可以在态势上直观地识别发射测控车,通过装配不同的仿真组件模型,实现对不同型号测控车的描述。测控车实体与装订不同能力参数的车辆运动仿真组件后,即可对不同型号测控车辆的机动性能进行模拟,通过装配机动转载等行动仿真组件,能够模拟车辆按照机动要求(包括时间、速度、路线等)实施机动的过程。测控车组件、参数与功能之间的关系示例如表5-3所列。

表5-3 测控车组件、参数及功能之间的关系示例

类别	组件	参数	功　能
机动能力	车辆运动仿真组件	测控车单位油耗、续驶里程等;雨、雪、雾等环境数据	模拟测控车在不同环境下的机动性能
行动	机动转进	机动路线、时间、速度等	按照设置的机动路线、时间、速度等参数,模拟测控车进行公路机动,按照设定的车辆运动性能进行机动解算
	测控跟踪	测控车位置、测控参数、测控目标等	模拟测控车利用遥外测设备跟踪运载火箭飞行状态,满足运载火箭发射点到一级分离点之间的测控需求

5.8.6 卫星模型

卫星模型是携带特定载荷的快响卫星的仿真模型、三维模型的统称。卫星仿真模型通过设置名称、二维标识、三维模型、重量、尺寸等基础数据,可以在态势上直观地辨识卫星的用途、型号,通过装配不同的仿真组件模型,实现对某一具体卫星的描述。卫星实体与装订不同轨道参数的卫星在轨运行仿真组件后,

即可按照轨道参数进行解算,模拟卫星在轨运行的位置、速度等信息。卫星实体装配雷达、光电、通信等不同仿真组件等,能够对星上载荷的观测、通信等能力进行模拟。通过装配搜索跟踪等行动仿真组件,能够模拟卫星对指定目标区域、位置进行侦察监视。卫星组件、参数与功能之间的关系示例如表5-4所列。

表5-4 卫星组件、参数及功能之间的关系示例

类别	组件	参数	功能
机动能力	卫星在轨运行仿真组件	轨道历元时刻、轨道根数等	按照轨道参数,解算卫星位置、速度,模拟卫星在轨运行
星上设备	雷达仿真组件	合成孔径雷达(SAR)成像模式、SAR雷达参数	模拟卫星雷达成像能力
		电子观测模式、无源侦收参数	模拟卫星电子观测能力
	光学仿真组件	可见光成像性能参数	模拟卫星可见光成像能力
	通信仿真组件	通信参数、通信关系	模拟卫星数据通信关系、通信能力
行动	搜索跟踪	关注目标、行动时间等	按照设置的开关机时间,对指定目标进行观测,能够按照观测载荷性能判断目标观测情况,能够按照指挥通信关系传输情报数据

5.8.7 发射点位模型

发射点位模型是能够将各类运载火箭发射装置部署在该区域内,并提供必要保障服务的发射点位的仿真模型、三维模型的统称。发射点位仿真模型通过设置点位名称、二维标识、三维标识、区域位置、区域范围、保障服务类型、保障服务范围等基础数据,可以在态势上直观地辨识出发射点位及其组成要素。

5.8.8 卫星测试厂房模型

卫星测试厂房模型是用于存储和测试应急组网卫星,并能够将卫星装配到发射车上的卫星测试厂房的仿真模型、三维模型的统称。卫星测试厂房仿真模型通过设置厂房名称、二维标识、三维标识、厂房位置、储存的卫星数量及类型等基础数据,加载相应组件实现对不同型号卫星测试流程和装载流程的模拟。

5.8.9 运载火箭测试厂房模型

运载火箭测试厂房模型是用于贮存和测试运载火箭的运载火箭测试厂房的仿真模型、三维模型的统称。运载火箭测试厂房仿真模型通过设置厂房名称、二维标识、三维标识、厂房位置、贮存的运载火箭数量与类型等基础数据,加载相应组件实现对不同型号运载火箭测试流程的模拟。

5.9 典型应用

5.9.1 航天快响发射体系运用

为提高某海域目标观测时间频率和细节可读性,需要快速部署微小卫星星座,主要由可见光、SAR、红外(可选)卫星组成,实现全天时、全天候、高频次、高分辨率观测,如图 5-13 所示。

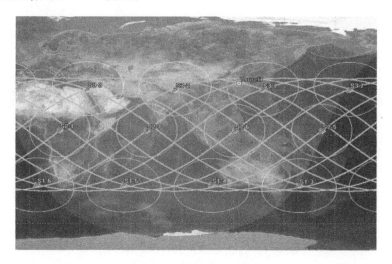

图 5-13 星座组网模拟

为此,需要实施航天快响发射。通过数字化试验手段,对火箭装填、星箭对接、箭筒转载、火箭转场、起竖发射、箭体分离、入轨观测等全流程进行仿真模拟,考察体系运用的实用性、合理性,如图 5-14 所示。

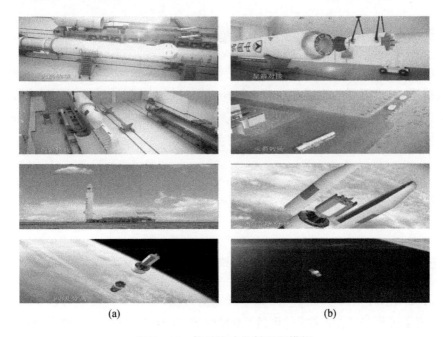

(a) (b)

图 5-14　航天快响发射流程模拟

5.9.2　航天快响发射体系试验

航天快响发射体系试验主要包括方案设计、推演控制和鉴定评估。

1. 方案设计

基于输入的需求参数,根据卫星轨道,进行航天快响发射全程飞行仿真,获取发射弹道设计方案,并在态势地图上进行展示,如图 5-15 所示。

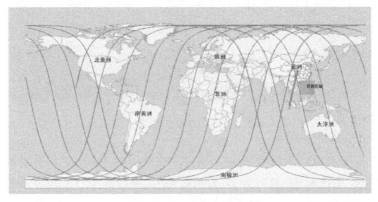

图 5-15　发射弹道规划结果

根据输入的需求和现有路网信息，快速设计机动发射车从部署地到发射点位的行进路径，能够考虑道路坍塌等特殊情况进行快速的路径重新规划，规划路径能够在态势地图上进行展示，如图5-16所示。

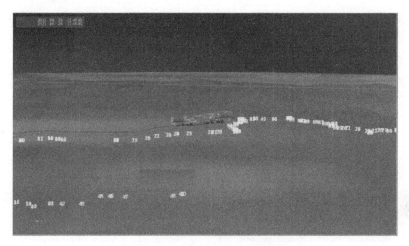

图5-16　机动路径规划结果

选取发射方案后，可对发射方案进行时效性分析，包括卫星访问目标时效性、卫星过境地面接收站时效性等，以列表的方式进行展示，同时生成行动流程，如图5-17所示。

图5-17　时效性分析结果

2. 推演控制

推演控制能够基于设计的发射方案，对航天快响发射、在轨自主运行、直链用户信息服务模式等，进行仿真推演，推演过程如图 5-18 和图 5-19 所示。

图 5-18　火箭飞行过程

图 5-19　卫星在轨运行

3. 鉴定评估

根据航天快响发射特点，将评估指标分解为储备能力、快速响应能力、运载能力、测控能力、空间能力五类。

1）储备能力

储备能力描述航天快响发射资源的储备情况,评估现有资源是否满足任务需求,是否需要协调资源,能否满足齐射条件等,包括快响卫星储备情况、快响火箭储备情况、发射平台储备情况、测控设备储备情况等指标。

2）快速响应能力

快响能力描述发射分队、装备快响空间需求的能力,评估是否能够完成任务,每个阶段的用时,包括任务规划时间、组装测试时间、机动转进时间、射前准备时间、飞行时间等指标。

3）运载能力

运载能力描述运载火箭飞行、控制情况,评估运载火箭是否按预定发射弹道飞行,残骸落区是否在安全范围内,卫星能否进入预定轨道,包括位置精度、压力精度、速度精度、推力精度、偏航精度、分离时刻精度、落区精度、入轨精度等指标。

4）测控能力

测控能力描述地面测控设备对运载火箭持续跟踪测控的情况,评估测控覆盖情况及测控精度是否满足任务需求,包括测控覆盖率、测控定位精度等指标。

5）空间能力

空间能力描述卫星入轨后对目标的覆盖能力,通过评估空间能力描述出航天快响发射是否能够又好又快地完成任务,包括第一次覆盖时间、累积覆盖时间、重访周期等指标。

第四篇
航天发射智能化

第 6 章 航天运输智能控制

在航天强国战略目标的指引下，在人工智能、大数据分析等高新技术应用的创新驱动发展背景下，结合近年航天运输装备、发射场系统和着陆场系统的论证建设，重点围绕智能航天发射系统、智能航天运输系统和智能航天搜救回收系统等航天运输领域智能化发展的重大关键技术，分析航天运输智能控制的发展、能力、技术需求，探索应用模式和标志性节点，为推进航天运输智能控制技术体系发展指明方向，为提升我国按需自主进出空间能力奠定技术基础。

6.1 智能航天发射系统

6.1.1 发展需求

运载火箭的测试发射技术和发射场地面综合保障能力水平是制约测试发射领域快速发展的关键瓶颈，如何快速完成运载火箭的测试发射、高效完成地面综合保障工作是测试发射领域未来发展的重要探索方向。针对测试发射领域发展的关键技术瓶颈，人工智能技术中的专家系统、智能决策、智能机器人、远程操作、增强现实等技术途径与思路，可有效解决运载火箭流程类测试过程复杂、数据判读对人脑和专家知识依赖性强、人员密集型综合保障等关键问题，实现箭地一体的智能化自动测试，具有大数据和人工智能算法支持的自学习型智能故障诊断和工作决策，具备资源调度能力的地面综合保障实施，优化测试流程、缩短测试时间、提升地面综合保障效能，切实提高测发效率。

6.1.2 能力需求

1. 运载火箭智能数据判读能力

为实现运载火箭自主检测，统筹构建运载火箭测试逻辑、测试程序、通信总线、地面测试系统、自动判读算法等设计所需具备的智能数据判读能力。

2. 地面保障系统智能运维能力

为实现在少量人员甚至无人参与下自主完成系统自检、精确故障诊断、系统优化重组、自动维修，并能自主判断当前系统状态是否具备执行发射任务最低条件，构建地面保障系统所需具备的自检测、自诊断、有限自恢复等智能运维能力。

3. 机器人集群智能控制能力

为实现运载火箭近端无人化保障，提高极端条件下的生存概率，提升航天发射自主化水平，构建机器人集群所需具备的维修保障、场景识别、态势感知、路径规划、远程干预和应急处置等智能控制能力。

4. 发射场智能态势感知能力

为生成多维度、全域化、多层次、深度化的综合态势信息，从而为综合评估和发射决策提供可靠依据，构建针对运载火箭、保障支持系统、发射环境和空间的智能态势感知能力。

5. 测发智能决策能力

为综合评估成功性指数，给出发射优化方案，辅助指挥员完成决策，构建基于态势感知信息、发射需求、想定和规划等数据的智能决策能力。

6. 智能化无人发射能力

为满足载人登月等重大发射任务需求，构建智能化无人发射能力。

6.1.3　技术需求

跟踪自主测试、自动判读、智能感知探测、智能机器人、空地协同感知、保障系统自愈和智能规划决策等相关技术领域的最新成果，探索在航天测试发射领域的集成创新应用机理；以航天发射智能化测试与无人化保障演示验证为技术发展方向，探索航天发射智能化测试、无人化保障等关键技术的基本技术原理和未来智能化无人发射场的建设雏形；设置以基于自动判读的运载火箭自主检测、基于智能运维的低温运载火箭自愈型地面保障、基于智能控制的地面保障机器人集群、基于目标识别的发射场空地协同态势感知、基于感知大数据融合的应急发射任务智能决策和智能化无人发射场演示验证等为主体的技术群。

6.1.4　应用模式

1. 无人值守

为逐步实现发射场系统的"远程指挥操控，自动检测诊断，无线物联接入，塔上无人值守"，航天发射无人值守是规避运载火箭测发风险、减少灾难性事故面前人员损失的最可靠手段。探索运载火箭近期液氧加注开始无人值守，远期煤油加注开始无人值守等智能化应用模式。

2. 智能化无人发射场

结合载人登月、深空探测、航天快响发射等具体任务，探索在少量人员的参与下自主完成运载火箭测试工作和地面综合保障工作，运载火箭发射区域实现完全无人化，利用多型机器人代替人力岗位承担巡查、操作与应急处置等智能化应用模式。

6.1.5　发展方向

探索航天发射智能化测试关键技术、无人化保障关键技术和智能化无人发射场演示验证技术，构建运载火箭自主测试原型系统，搭建低温运载火箭自愈式加注系统缩比原型，研制运载火箭近端机器人综合保障集群样机、空地协同的态势感知系统，建设基于感知大数据的发射决策系统原型，从顶层规划、体系架构、关键技术到技术集成完整验证未来智能化无人发射场建设雏形，形成支撑力强的演示验证作用，为未来智能化航天发射场建设奠定基础。

6.2 智能航天运输系统

6.2.1 发展需求

尽管目前迭代制导已经在航天飞行领域得到普遍应用,但无论是制导还是姿控,都没有充分考虑飞行故障情况下的控制系统适应性,如在发动机故障、执行机构故障、惯导故障等情况下的容错控制。随着密集发射和对高可靠性的要求,对故障情况下的诊断与容错控制提出了更高的要求。为了提高航天运输装备的发射可靠性和多任务适应性,需要提升航天运输装备的智能化水平。首先,需要发展复杂环境参数的辨识与感知、全箭健康监测、多源信息获取与融合技术等,作为运载器飞行过程中完成在线故障诊断、任务重规划等复杂任务的基础;其次,需要重点开展在线弹道规划技术、多任务制导技术、稳健姿态控制技术,具备在线弹道规划与重构控制能力,实现发生故障等突发情况下的任务变更及性能最优入轨。

为了构建和维持成体系稳定运行的航天系统,需要降低进出空间成本,重复飞行技术是降低航天运输费用的重要手段,也是提升快速空间响应能力的有效途径,关系到国家战略利益与安全。我国重复飞行技术与国际先进水平有一定差距,针对目前重复飞行任务适应性差、发射成本高、重复使用运载能力损失大、返回后重复使用可靠性检测等问题,开展重复飞行智能控制技术研究,提升控制系统智能在线自主规划能力,多工况强干扰自适应返回控制能力,增强返回成功概率与可靠性,为低成本进入太空和空间往返奠定坚实基础。

6.2.2 能力需求

为提升运载火箭飞行可靠性与任务适应性,满足上面级、可重复使用运载火箭技术发展要求,全面提升航天运输的健康管理、评估决策、规划制导和姿态控制等智能化水平,为低成本进入太空和空间往返奠定坚实基础,构建全箭级自主故障诊断与健康管理、应对非致命故障的自主任务规划重构、自适应姿态控制、智能空间运输和重复飞行等智能化能力。

6.2.3 技术需求

跟踪智能感知探测、智能规划决策、智能制导控制、人工智能计算、智能数据处理、智能平行系统和智能系统集成等相关技术领域的最新成果，探索在航天运输控制领域的集成创新应用机理；以航天运输智能控制演示验证为技术发展方向，探索全箭信息融合处理与挖掘分析、智能故障辨识与定位、飞行任务智能评估与决策、在线弹道智能规划与自适应制导控制、姿控智能辨识重构、故障复飞快速智能检测、多工况强干扰自适应智能返回控制、天地协同高性能人工智能计算、箭载高性能人工智能计算芯片、长期在轨智能控制等关键技术的基本技术原理，以及与真实航天运输并存的"全数字化航天运输"的理论、方法、使用模式和工作机制等；设置以运载火箭智能控制、高性能空间运输器智能控制、可重复使用运载火箭智能控制和航天运输智能控制演示验证等为主体的技术群。

6.2.4 应用模式

1. 智能运载火箭

探索自动测试、自动加注、低温推进剂加注开始后无人值守、箭地连接器零秒脱落，箭上自主瞄准、全向发射等智能化应用模式；探索助推、芯级和整流罩残骸落区自主定位，一级飞行横向导引等智能化应用模式；结合当前现役常规液体运载火箭及后续新一代运载火箭测发控系统统型，探索测发控流程融合、测试方法归一、运载火箭健康诊断和全寿命数据挖掘等方面的智能化应用模式；探索运载火箭智能飞行控制等智能化应用模式。

2. 智能上面级

探索高轨直接入轨、多星星座部署，以及空间垃圾清扫等智能化应用模式。

3. 重复使用运载火箭

探索不同对象不同场景返回着陆控制，整流罩、二子级返回与重复使用，以及运载火箭地外天体着陆与上升等智能化应用模式。

6.2.5 发展方向

1. 实现目标

构建天地协同运载火箭飞行任务决策与重构系统原型、高精确长期在轨控制系统原型、箭载高性能重复飞行智能控制系统原型和航天运输系统数字孪生智能平行系统,旨在提升运载火箭对各种非致命故障的自适应能力,增强上面级在轨安全保障与空间轨道运输能力,提高可重复运载火箭返回成功概率与可靠性和提高航天运输系统智能飞行控制技术可行性与实用性,为低成本进入太空和空间往返奠定坚实基础。

2. 关键技术

(1) 运载火箭智能飞行控制技术:天地协同运载火箭飞行任务决策与重构系统方案设计;模态、液位智能感知技术;自主故障诊断与决策技术;在线弹道自主规划与自适应制导技术;基于国产芯片的分区多态架构的发射场云端人工智能计算技术;基于国产芯片和智能加速卡的箭载人工智能计算技术。

(2) 高性能空间运输器智能控制技术:高精确长期在轨控制系统方案设计;高精度自主导航技术;智能多任务协调规划与管理技术;智能威胁告警与规避控制及自恢复技术;多模式智能弹道规划与制导技术;多模式组合体智能姿态控制技术;智能故障诊断、隔离、重构技术。

(3) 可重复使用运载火箭控制技术:箭载高性能重复飞行智能控制系统方案设计;控制系统智能在线自主规划技术;复杂系统故障复飞快速检测技术;多工况强干扰自适应智能返回控制技术;箭载高性能人工智能计算芯片技术。

(4) 航天运输系统智能飞行控制演示验证技术:航天运输系统数字孪生智能平行系统方案设计;智能平行系统软硬件平台设计和建设;航天运输系统数字孪生模型体系构建;航天运输系统智能数据集技术;平行仿真技术。

6.3 智能航天搜救回收系统

6.3.1 发展需求

搜索回收工作环境一般为戈壁、草原、沙漠等复杂地理环境,水文气象环境不确定,可能遇到大风、沙尘、冰雪、寒冷等恶劣气象,有时需要在有毒、有害等危险环境中开展作业,引入自动化、无人化技术,推进系统由机械化向智能化转变,实现人机系统作业,提高系统安全性、保障性及整体运行效能。航天器陆上搜索主要依靠加改装的直升机完成，准备周期长、动用力量多、搜索范围受限，引入固定翼长航时无人飞行器，结合智能化的搜索和回收技术，集成满足各类型航天器和运载器搜索回收需要的无人飞行器，有助于提高航天器搜索效能。海上搜索回收力量薄弱，现阶段我国仅具备少数箭体残骸、载人飞船返回舱近海应急打捞回收的能力，且以人工操作为主，手段较为落后，针对水波、水雾、云层、礁石等海上干扰因素多样的特点，不同海况条件下打捞回收难题，突破海上目标智能探测、识别与定位，以及智能化打捞回收等技术，实现航天器和运载器的海上快速搜寻、接近捕获和安全拖曳回收。

6.3.2 能力需求

为提高复杂地理环境和恶劣气象条件下应急搜救任务效能，构建智能化地面搜救回收能力；为了在广域背景下对航天器与运载器进行快速识别和准确搜索定位，构建空天地协同智能目标识别定位能力；为提高未来航天器和运载器回收安全性和时效性，实现航天器返回目标的快速回收，构建集群搜索与空中回收能力；为提高复杂地理（戈壁、草原、沙漠）和气候条件（夜间、冰雪、寒冷等）下的搜救回收效能，降低执行任务风险，构建航天搜救机器人智能现场作业能力。

6.3.3 技术需求

跟踪基于地面、空中和海上等多样化无人平台，无线电、光学为基础的搜索技术，目标搜索在线学习、自主演化和人机融合的智能理论与方法等相关技术领域的最新成果，探索在航天搜救回收领域的集成创新应用机理；以航天回收智能识别回收演示验证为技术发展方向，探索基于大数据的智能识别与定位、智能化陆海空快速回收等关键技术的基本技术原理，以及航天搜救机器人自主跟随、路径规划导航与辅助作业等应用雏形；设置以基于四足机器人平台的航天智能搜救、多源数据的智能识别与定位、集群无人机搜索与空中柔顺抓捕回收和航天搜救机器人应用与试验验证等为主体的技术群。

6.3.4 应用模式

1. 航天搜救机器人

结合返回式卫星、可重复使用运载器、运载火箭子级可控回收、天地往返飞行器等无人搜救回收平台技术,探索航天搜救无人体系智能化应用模式。

2. 发射场巡检机器人

探索发射场巡检机器人复杂环境自主适应性运动机构改进、主动感知、智能辨识与探测,发射场复杂环境及恶劣气象条件下巡检机器人主动感知、自主运动等智能化应用模式。

6.3.5　发展方向

1. 实现目标

(1) 基于四足机器人平台的航天智能搜救技术:基于国内成熟的四足机器人平台,探索航天搜救载荷智能化搜索定位、环境感知和回收处置技术,实现一体化设计集成,构建可适应复杂地理环境和恶劣气象条件下的地面搜救回收系统平台,提高应急搜救任务效能。

(2) 多源数据的智能识别与定位技术:针对广域背景下航天器和运载器识别难度大、搜索定位难的问题,利用空天基多源传感器资源,探索天基信息战术增强、多源数据高效融合、目标自动提取等技术,实现目标的智能识别定位。

(3) 集群无人机搜索与空中柔顺抓捕回收关键技术:针对未来航天器和运载器安全性和时效性的需求,利用集群无人机,探索载体与返回目标的高效信息交互技术、精准定位与智能控制技术,实现航天器返回目标的快速回收。

(4) 航天搜救机器人应用与试验验证:面向在复杂地理(戈壁、草原、沙漠)和气候条件(夜间、冰雪、寒冷等)下,运用航天搜救机器人协助和替代操作人员完成航天器着陆现场作业,探索自主跟随、路径规划导航、通信支持、场景摄录及辅助作业等技术,提高搜救回收效能,降低执行任务风险。

2. 关键技术

(1) 基于四足机器人平台的航天智能搜救技术:四足机器人平台选型;弱信号空间返回目标的智能定位技术;复杂地形下的环境感知与路径规划技术;空间返回目标危险物人机协同处置技术;应急搜救机器人试验验证。

(2) 多源数据的智能识别与定位技术:特定目标智能识别与定位总体方案论证;多源非一致性数据的目标表示方法;多源数据的多级多尺度语义特征提取方法;目标关系模型;目标的综合解译和识别技术。

(3) 集群无人机搜索与空中柔顺抓捕回收关键技术:集群无人机搜索与空中柔顺抓捕回收总体方案论证;多单元高效信息交互与融合技术;多精准定位与智能控制技术;空中直接柔顺抓捕回收技术。

(4) 航天搜救机器人应用与试验验证:航天搜救机器人应用方案论证;自主跟随技术;基于环境感知的导航规划技术;智能人机交互技术。

第7章
空间站阶段救援飞船地面应急发射构想

安全是载人航天活动的最基本要求。进入空间站阶段，应对空间突发事件，不能完全依靠产品的可靠性、航天员的严格选拔与训练，以及航天员个人能力来保证，制订航天员在轨救生策略和方案是各国载人航天工程必须解决的问题。空间站紧急事件可分为两大类：一是涉及航天员生存的事件；二是涉及空间站正常运行的事件。对应的救援处置策略也分为两类：一是空间救生，针对航天员；二是空间维修，针对空间站结构或系统。显然，对第二类紧急事件的处理，为确保成功修复，需要经过初始在轨修复、地面分析、制订修理措施、加工修理装置和地面模拟等程序，然后再发射载人飞船或货运飞船，由航天员执行修复工作，其时间要求并不紧迫；对第一类事件，受航天员在轨生存时间限制，由地面发射载人飞船进行救生的时间要求较为紧迫。

关于我国空间站航天员救生问题，重点针对的故障模式是第一类紧急事件中在轨停靠飞船故障无法正常返回，需要地面应急发射救援飞船。本章重点阐述我国载人航天工程的救援飞船地面应急发射方案构想。

7.1 基本原则

应急测发方案设计原则上不以"风险"代价来实施救援,确保任务具有较高的可靠性、安全性。救生相关运载器、航天器应使用常规任务相应产品。救生工作的开展要与正常任务规划、在轨航天员轮换相结合。主要考虑既可通过产品在发射场提前准备、定期测试,缩短紧急事件发生后快速发射时间,又可减少单独生产救生飞行产品所需经费。必须有效缩短地面决策时间和交会对接时间。

7.2 任务模式

实现飞船快速测发,就要在现有测发模式和流程基础上进行优化设计。这种优化可从两方面入手:一是依靠总装测试技术的发展,通过标准化总装、集成化测试、自动化判读来缩短地面准备时间;二是建立飞行产品在发射场贮存机制,使产品待机状态接近于发射状态,从而缩短地面准备时间。这两种优化方法互相配合才能实现更为优化的快速测发方案。将其命名为"滚动推进"快速测发模式。其内涵是将规划中的下一次发射任务的火箭、飞船等飞行产品提前在发射场贮存,实施定期测试,接到救援指令后,转入快速测发流程,并实施发射。

采用滚动推进方式实现正常任务与应急任务的转换,即两次任务的火箭、飞船同时进场,第 $N+1$ 次任务产品完成总装、测试和整理工作后转入值班状态,第 N 次任务产品实施总装、测试、整理和发射;接到救生任务指令时,第 $N+1$ 次任务产品进入应急发射流程,进行恢复性测试,飞船进行舱内改装及部分产品安装,之后进行加注、扣罩、对接、转运和发射;发射后,待下次任务时第 $N+2$、$N+3$ 次任务产品同时进场,重复上述过程;没有救生任务指令时,第 $N+1$ 次任务产品在正常任务发射日前 35 天(暂定)解除值班状态,进入正常测发流程,第 $N+2$ 次任务产品同时进场进行总装测试,并转入值班状态(火箭仅完成总装工作,待 $N+1$ 次任务发射后进行测试并转入值班状态),如图 7-1 所示。

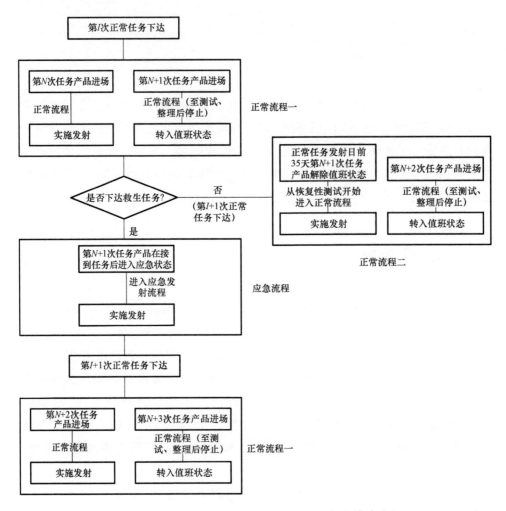

图7-1 正常与应急任务结合的滚动推进任务模式流程

7.3 待机状态

采用"滚动推进"快速测发模式,首先要确定飞行产品在发射场的待机状态。待机模式的选择主要考虑四个因素:一是考虑产品贮存周期;二是救援工作启动时的飞行产品状态最接近发射状态;三是飞行产品可通过定期测试证明有效;四是贮存地点具备保障能力。

产品贮存周期主要考虑航天员食品和饮用水保质期、一次性电源活化后贮存期和飞船推进剂加注贮存期,从现有条件看,对每年1艘最小发射频率情况下(火箭、飞船在发射场待机时间最长为1年),产品贮存周期均满足要求。

因此,可考虑飞船完成总装、加注后等各种状态下实施待机。根据现行测发流程,可有五种待机状态,见表7-1。

表7-1 快速测发飞行产品待机状态

地点及状态	飞船测试厂房	垂直总装厂房	发射区
飞船不加注	状态1:飞船厂房飞船加注前	状态2:垂直厂房飞船不加注船箭对接	状态4:发射区飞船不加注船箭对接
飞船加注	—	状态3:垂直厂房飞船加注船箭对接	状态5:发射区飞船加注船箭对接

从快速测发角度分析,状态1后续需要经过加注扣罩、船箭对接等工作,流程时间较长,状态2、4需要在扣罩情况下在发射区实施飞船加注充气,流程时间相对较长,同时现行不具备条件,实施上难度大,也存在将有毒推进剂带入飞船密封舱的风险,因此这三种待机状态可行但不合理。从保障角度分析,状态5需要简易脐带塔提供长期温度、湿度、洁净度保障,难以实现。因此,可行的方案包括状态1飞船不加注、贮存厂房待命和状态3飞船加注对接、垂直厂房待命。

7.4 测试项目

由于产品性能会随贮存、通电时间发生变化,因此需要在飞行产品贮存期间安排定期测试。定期测试的优点是在相同状态下数据积累,可能会暴露渐变发展的故障。

定期测试项目编排主要涉及两个方面问题:一是测试覆盖性,确保能够减少救援启动后的测试项目;二是测试周期,确保最长的测试周期而保持测试数据的有效性。

定期测试安排应充分考虑对产品功能、性能和系统间接口的考核项目,如功能检查、总检查、天地通信及指令链路检查、联合检查等,同时需要考虑发射区设备的等效器测试和接口联调工作。通过测试覆盖,减少产品进入发射区后的测试项目。

定期测试周期主要取决于产品测试有效期。根据现行经验,定期测试周期可暂定为每 2 个月一次。

7.5 发射流程

7.5.1 载人飞船地面应急发射流程

1. 飞船不加注、贮存厂房待命

(1) 贮存厅总装测试。

应急救援飞船完成厂房总装和测试工作后,进入救生待命阶段,执行定期测试。按照是否执行救援飞行任务,后续流程按照正常飞行和救生飞行分别进行设计。

应急救援飞船待命期间接到救生任务后,考虑定期测试的有效性,飞船在厂房不再进行电性能测试。准备工作包括安装/更换救援任务上行物品、舱内状态整理、舱门快速检漏和转运准备工作。

(2) 飞船加注充气。

应急发射流程主要调整项目包括飞船转运至加注前状态准备。取消加注充气演练,飞船加注前直接安装正式包带,取消工艺包带安装,在飞船充气后节省包带施加预紧力时间。缩短一种推进剂加注后监测时间。

(3) 飞船扣罩。

飞船扣罩难点是飞船包带相关工作、下支撑机构安装和调整工作(不逃逸状态,相应减少下支撑机构调整时间)。此外,飞船扣罩准备阶段的飞船拆保护罩、敏感器清洁后的状态检查,应安排在每项工作后进行,不再占用主流程时间。

注:飞船加注扣罩流程安排应与飞船厂房工作衔接,相应工作时间安排顺推开始。

减少下支撑机构调整时间主要考虑:由于逃逸塔只实施正常抛塔工作,无逃逸程序,因此支撑机构安装时可将上、下支撑机构接触面与飞船间隙调整至最大,与整流罩紧固后可不再调整,这种状态可减少下支撑机构安装及上、下支撑机构调整时间。

(4) 火箭技术区测试。

当启动应急发射流程后,火箭完成一次总检查Ⅱ状态测试,开始对接准备,该阶段工作与飞船测试工作并行安排,不占用主流程时间。

(5) 船箭塔对接及转运准备。飞船提前完成好转运准备工作,取消飞船本底气体微生物采样和火工品阻值测试,并按三班制编排流程。

(6) 发射准备及发射。船箭组合体转运分为转运、测试状态准备和测试三个部分。

(7) 发射前状态准备。取消全系统发射演练,首区合练,天地大回路话音图像传输检查及航天员舱内状态确认。火箭加注准备及加注。

(8) 临射检查及发射。考虑取消火箭系统 -7h 功能普查和利用系统飞行程序试算。

2. 飞船加注对接、垂直厂房待命

与方案一("飞船不加注、贮存厂房待命")的主要区别在于发射前状态准备阶段,增加救援专用物品安装。存在的风险是飞船爆炸,逃逸塔爆燃、爆炸,需要进一步分析。

7.5.2 货运飞船地面应急发射流程

由于航天员暂时安全,且在地面需要完成制订空间维修方案、生产维修装备、开展地面模拟等工作,货运飞船应急发射时间要求比载人飞船相对宽松。考虑技术经济可行性,宜采用类似于载人飞船方案一待机状态,即"飞船不加注,贮存厂房待命"。与载人飞船主要区别:飞船加注量减少,加注推进剂只有两种,加注时间缩短;飞船扣罩中无上、下支撑机构,扣罩时间缩短。

7.6 实施方案

对应急发射的组织管理、机制建设等任务实施方案设计如下。

(1) 建立空间后勤支持应急发射组织体系。明确各部门、各系统的职责分工,构建动态、透明的信息共享渠道和一体化任务指挥协同平台。

(2) 建立空间后勤支持应急发射风险管理与预案机制。实行定期和事件型的安全评估,全面识别风险源和危害后果;采用分级响应方式,明确不同风险等级、突发事件下,发射场及相关系统的工作内容、资源配置和技术状态等。

(3) 建立空间后勤支持应急发射产品化储存机制。考虑进场运输等条件限制,充分利用发射场设施设备,实行合理的产品储存,明确储存产品的分级、类型、数量,储存的方式和测试方法,以及与正常按计划发射滚动使用的关系等。

(4) 建立空间后勤支持应急发射演练机制。构建实装和仿真模型相结合的演练环境,开展应急发射人员、装备等的演练,确保应急发射的安全可靠。

7.7 技术方案

1. 应用模式维度

应用模式包括快速响应、无人值守和自由往返。

2. 能力技术维度

能力技术包括应用需求层、能力需求层、技术需求层、相关技术领域。应用需求层包括智能指挥决策、智能测试发射、智能飞行控制。能力需求层包括一键式任务规划能力、一键式快速发射能力、飞行任务自主重构能力。技术需求层包括载人航天工程空间救援应急发射总体技术、基于智能运维的运载火箭自愈型地面保障技术、全箭级自主故障诊断与健康管理技术等。相关技术领域包括自主测试、自动判读、智能规划决策等。

3. 体系架构维度

如图 7-2 所示,体系架构维度包括应用体系架构、系统体系架构和技术体系架构。应用体系架构包括载人飞船、货运飞船应急发射。系统体系架构包括智能测发指挥监控系统、智能测试与无人保障系统、箭地一体智能控制平台等应用系统,以及由基础支撑、集成控制、标准规范构成的基础平台。技术体系架构包括智能指挥长助理、新一代无人化发射场、高性能快响运载火箭等产品体系,高可靠、快响应、智能化等技术特征。

第7章 空间站阶段救援飞船地面应急发射构想

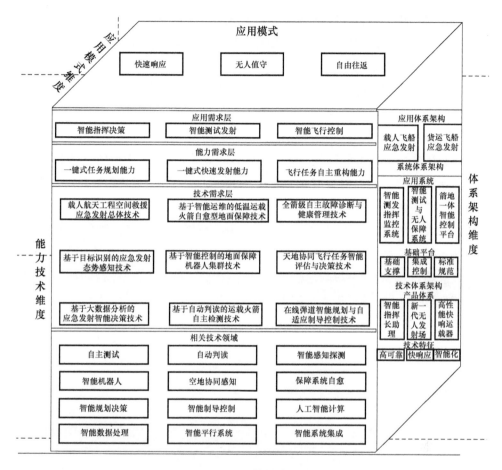

图7-2 总体技术方案

7.8 应用前景

以保持和提高载人航天发射场设施设备可靠性、安全性和信息化为主线,开展空间站阶段应急救援飞船地面应急发射设计,提高发射场信息化智能化水平,完善具备载人飞船应急发射能力,形成完善的载人航天常态应急一体化发射体系。在空间站运营期间,将完成应急救援体系建设,同时应用新理念、新技术推动发射场系统跨越式发展。

（1）有序开展应急救援体系建设。突破载人航天在轨应急救援测发、组织指挥模式、测发流程重构等技术，逐步形成配套完整的应急救援测发技术，为应急救援测发能力建设提供技术支持。

（2）持续推进设施设备可靠性增长。解决地面设施设备可靠性分析评估与定寿延寿、关键设备状态检测与分析评估、发射场安全评估与风险控制等关键技术，为整体有序推进发射场能力建设提供技术支持。

（3）稳步推进信息化建设。大力加强信息技术应用、信息系统一体化、大数据应用能力建设。充分利用信息网络技术，建立网络故障诊断模式，实现设备故障远程判断和软件远程维护。

（4）大力加强新理论、新技术，进一步提高测发水平。优化测发流程，积极探索载人航天应急救援技术和应急救援组织指挥模式。建立以人工智能为标志的远程故障诊断、辅助决策与应急处置支持系统，突破无人值守、自动加注对接、数字孪生、平行试验等基于人工智能、数字仿真、机器学习等关键技术。

参考文献

[1] 崔吉俊. 航天发射试验工程[M]. 北京:中国宇航出版社,2010.

[2] 陈为,沈则潜,陶煜波. 数据可视化[M]. 北京:电子工业出版社,2013.

[3] 李正茂. 通信 4.0:重新发明通信网[M]. 北京:中信出版社,2016.

[4] 周毅. 重构物联网的未来[M]. 北京:中国人民大学出版社,2016.

[5] 李澍,郭金刚,张立洲,等. 运载火箭发射场数字化合练技术[J]. 导弹与航天运载技术,2019,367(2):22-26.

[6] 金伟新,等. 体系对抗复杂网络建模与仿真[M]. 北京:电子工业出版社,2010.

[7] 中国人民解放军总装备部军事训练教材编辑工作委员会. 发射工程学概论[M]. 北京:国防工业出版社,2003.

[8] 武小锐,刘琦,等. 装备试验与评价[M]. 北京:国防工业出版社,2008.

[9] 张俊,许沛东,王飞跃. 平行系统和数字孪生的一种数据驱动形式表示及计算框架[J]. 自动化学报,2020,46(7):1346-1356.

[10] CORREA C,SILVER D,CHEN M. Illustrative deformation for data exploration[J]. IEEE Transactions on Visualization and Computer Graphics,2007,13(6):1320-1327.

[11] CORREA C,SILVER D,CHEN M. Feature-aligned volume manipulation for illustration and visualization[J]. IEEE Transactions on Visualization and Computer Graphics,2006,12(5):1069-1076.

[12] QI Y W,LI Y,PAN C S,et al. CGR-QV:A virtual topology DTN routing algorithm based on queue scheduling[J]. China Communication,2020(7)113-123.

[13] 肖士利,郭振,谢志丰,等. 中国运载火箭地面系统发展方向研究[J]. 宇航总体技术,2020,4(2):25-32.

[14] Ted A. Manning,Scott L. Lawrence. Fragment acceleration modeling for pressurized tank burst[J]. Journal of Spacecraft and Rockets (1533-6794),2017,54(3):755-768.

[15] 黄智勇,陈兴,平燕兵,等. 贮存条件下偏二甲肼蒸发特性[J]. 导弹与航天运载技术,2011,311(1):59-61.

[16] 吴畏. 作战仿真模型组合流程动态可编辑方法研究[J]. 系统仿真学报,2020,32(5):967-974.

[17] 卿杜政,李伯虎,孙磊,等. 基于组件的一体化建模仿真环境(CISE)研究[J]. 系统仿

真学报,2008,20(4):900-904.

[18] 张建春,康凤举.想定驱动的组件化模型组合方法研究[J].系统仿真学报,2015,27(8):1747-1752.

[19] 张连仲,李进,薄云蛟.一体化联合试验体系内涵和特征研究[J].装备学院学报,2014,25(5):113-116.

[20] 吴成茂.基于TCP-IP的航天发射场一体化试验信息系统设计[J].计算机测量与控制,2012,20(1):147-149.

[21] 焦彦平,李唱,李建华.基于NGN的网络融合技术研究[J].装备学院学报,2014,25(1):69-72.

[22] 白洪波,李雄伟,张旭光.开展多靶场联合试验的思考[J].装备学院学报,2016,27(3):125-128.

[23] 王家伍.航天发射一体化建设与决策支持技术研究[J].装备指挥技术学院学报,2006,17(1):44-47.

[24] 李学峰.运载火箭智慧控制系统技术研究[J].宇航总体技术,2018,2(2):43-48.

[25] 张琦,王达,黄柯隶.使命空间模型研究初步[J].系统仿真学报,2004,16(11):2378-2380.

[26] 吴枫,刘秀罗,王佳,等.航天发射可视化仿真分析技术与应用研究[J].系统仿真学报,2022(4).

[27] WU F, ZHANG A L, LIU X L, et al. Research on space launch information integration[C]. 2020 3rd International Conference on Computer Information Science and Artificial Intelligence, 2020.

[28] WU F, LIU X L, WANG J, et al. Research on space transportation intelligence control[C]. 2020 International Conference on Computer Engineering and Intelligent Control, 2020.

[29] 吴枫,刘秀罗,王佳,等.航天发射场三维数字化试验体系框架研究[J].航天发射技术,2019,139(2):49-52.

[30] 吴枫,王维.运载器运输吊装和加注动力学仿真系统研究[J].特种工程设计与研究学报,2011(2):57-60.

[31] 吴枫,刘秀罗,王维.航天发射场数字化协调方法研究[J].特种工程设计与研究学报,2012(3):63-65.

[32] 吴枫,刘秀罗,黄娅,等.特种操作测发工艺数字化协调仿真研究[J].特种工程设计与研究学报,2013(1):63-65.

[33] 刘秀罗,吴枫,王佳,等.箭-地-器接口一体化设计与仿真验证技术研究[J].系统仿真技术,2020,16(3):140-144.

[34] 刘秀罗,吴枫,黄娅,等.面向自主可控的航天测发流程仿真平台实现技术[J].特种工程设计与研究学报,2015(2):1-5.

[35] 刘秀罗,王佳,吴枫,等.航天发射数字化合练技术研究与应用[J].系统仿真学报,2021,33(9):2227-2233.